工业机器人技术与应用

主　编　赵　元　李承欣　李俊宇
副主编　高明华　祖　琪
参　编　尹　政　鲍君善　李　野
主　审　李康举　公丕国

北京理工大学出版社
BEIJING INSTITUTE OF TECHNOLOGY PRESS

内 容 简 介

本书基于 ABB、安川、FANUC 工业机器人,从机器人应用过程中需要掌握的技能出发,由浅入深、循序渐进地介绍了工业机器人入门实用知识,包括初识工业机器人;手动控制工业机器人;工业机器人典型应用,如搬运、弧焊和压铸等实用内容。基于具体案例,结合离线仿真讲解了机器人系统的编程、调试、完成生产任务的过程。通过对本书的学习,读者对工业机器人的实际使用会有一个全面清晰的认识。

本书适合作为机器人相关专业学生教材,也可供相关工程人员作为参考书使用。

图书在版编目(CIP)数据

工业机器人技术与应用/赵元,李承欣,李俊宇主编.—北京:北京理工大学出版社,2020.7(2024.2 重印)

ISBN 978 – 7 – 5682 – 8713 – 5

Ⅰ.①工…　Ⅱ.①赵…②李…③李…　Ⅲ.①工业机器人　Ⅳ.①TP242.2

中国版本图书馆 CIP 数据核字(2020)第 124233 号

出版发行/北京理工大学出版社有限责任公司	
社　　址/北京市海淀区中关村南大街 5 号	
邮　　编/100081	
电　　话/(010)68914775(总编室)	
(010)82562903(教材售后服务热线)	
(010)68948351(其他图书服务热线)	
网　　址/http://www.bitpress.com.cn	
经　　销/全国各地新华书店	
印　　刷/涿州市新华印刷有限公司	
开　　本/787 毫米 × 1092 毫米　1/16	
印　　张/13	责任编辑/梁铜华
字　　数/305 千字	文案编辑/梁铜华
版　　次/2020 年 7 月第 1 版　2024 年 2 月第 2 次印刷	责任校对/周瑞红
定　　价/42.00 元	责任印制/李志强

前　言

工业机器人作为集众多先进技术于一体的现代化制造业装备，为先进制造业提供了重要支撑，同时也是未来智能制造业的关键切入点。随着我国劳动力成本上涨，人口红利逐渐消失，生产方式向柔性、智能、精细转变，"机器换人"已是大势所趋。《中国制造2025》将机器人作为重点发展领域的总体部署，也推动机器人产业发展上升到国家战略层面。制造产业对工业机器人领域人才需求数量的不断增长和能够熟练安全使用和维护工业机器人的专业人才的短缺，是眼下工业机器人产业的主要矛盾，因此亟须编写一本系统、全面的工业机器人实用入门教材。

本书以ABB工业机器人应用为主，同时结合FANUC和安川机器人相关知识，遵循"由简入繁，软硬结合，循序渐进"的编写原则，依据初学者的学习需要科学设置知识点，结合典型应用实例讲解，倡导实用性教学，有助于激发学习兴趣，提高教学效率，便于初学者在短时间内全面、系统地了解工业机器人的操作常识。

模块一从基础出发，介绍了工业机器人的拆包与安装以及工业机器人的基本操作，让初学者熟悉操控机器人前的准备工作。

模块二介绍了工业机器人使用的安全规范以及手动操作的相关知识，让初学者能够开始使用工业机器人。

模块三至模块五分别结合三种工业机器人典型应用——搬运、弧焊和压铸实例分析，从I/O配置到参数配置，再到程序编写，对操作技术进行了详细说明。

模块六以涂装机器人和装配机器人的应用为例，介绍了工业机器人工作站设计的相关知识。

本书编写分工如下：模块一、二由沈阳工学院李承欣、赵元，江苏哈工海渡工业机器人有限公司尹政编写；模块三、四由沈阳工学院李俊宇，沈阳新松机器人自动化股份有限公司鲍君善编写；模块五、六由沈阳工学院高明华、祖琪，沈阳新松机器人自动化股份有限公司李野编写。本书承非凡智能机器人有限公司刘大江，沈阳圣凯龙机械有限公司韩洪权，东北大学巩亚东教授，沈阳工学院李康举教授、公丕国教授精心审阅，他们提出了许多宝贵意见，在此表示衷心感谢。

由于编者水平有限，书中难免存在疏漏和缺点、错误，殷切期望广大读者批评指正，以便进一步提高本书的质量。

目 录

模块一

初识工业机器人

项目一 工业机器人的拆包与安装

 项目目标

➢ 掌握工业机器人拆包装的操作流程；
➢ 掌握清点工业机器人标准装箱物品的操作流程；
➢ 掌握工业机器人本体与控制柜的安装流程；
➢ 掌握工业机器人本体与控制柜的连接流程。

 任务列表

学习任务	能力要求
任务1 工业机器人拆包装的操作	掌握包装外观检查的要点
	掌握工业机器人拆包装的一般流程
任务2 清点工业机器人标准装箱物品	了解标准装箱物品的清单
	学会清点物品的技巧
任务3 工业机器人本体与控制柜安装	将工业机器人本体安装并固定到工作台上
	将控制柜安装放置到工作台里
任务4 工业机器人本体与控制柜电气连接	完成动力、SMB和示教器电缆的连接
	完成电源线的制作和连接

任务1 工业机器人拆包装的操作

 任务导入

工业机器人都是按照标准流程打包好才被发送到客户现场的。下面来学习当工业机器人到达客户现场后，我们如何对其进行拆包与安装的工作。

 知识链接

机器人拆包装

（1）当机器人到达现场后，我们需要在第一时间检查其包装箱外观是否有破损、是否有进水等异常情况。如果有问题，就马上联系厂家及物流公司进行处理；如果确认其无问题，就开始进行下一步操作（图1-1-1）。

（2）使用合适的工具剪断包装箱上的两条钢扎带。需注意钢扎带断裂后可能产生的安全问题（图1-1-2和图1-1-3）。

（3）将剪断的钢扎带取走，并妥善放置在合理区域（图1-1-4）。

图1-1-1 包装箱整体

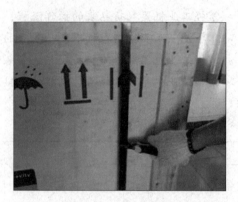

图1-1-2 钢扎带

图1-1-3 剪断钢扎带

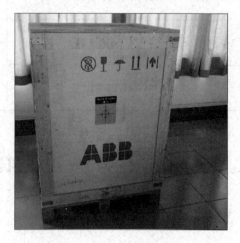

图1-1-4 钢扎带拆卸完毕

（4）需要两人根据箭头方向，将箱体向上竖直抬起，使其与包装底座分离，并将其放置到一边（图1-1-5）。注意不要碰撞到机器人。

（5）尽量保证箱体的完整，以便日后重复使用。

 任务实施

基于课堂授课内容，对实际工业机器人进行拆包装工作。

图 1 - 1 - 5　打开后的包装箱

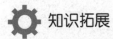 知识拓展

工业机器人的拆包装工作有哪些注意事项？描述拆包装流程。

任务2　清点工业机器人标准装箱物品

 任务导入

清点工业机器人标准装箱物品主要是为了了解标准的装箱物品，学会清点物品的技巧。

 知识链接

（1）以 ABB 机器人 IRB1200 为例来讲解。它包括4个主要物品：机器人本体、示教器、线缆配件及控制柜。

（2）打开两个纸箱后，展开的内容物如图 1 - 1 - 6 所示。

（3）随机材料：SMB 电池安全说明、出厂清单、基本操作说明书和装箱单（图 1 - 1 - 7）。

图 1 - 1 - 6　电池及配件

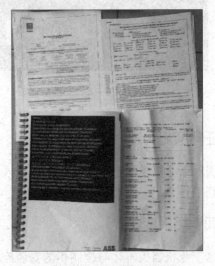

图 1 - 1 - 7　随机材料

任务实施

根据实际工业机器人装箱单，清点标准装箱内物品，掌握清点物品的技巧。

 知识拓展

工业机器人标准装箱内的物品有哪些？

任务 3　工业机器人本体与控制柜安装

 任务导入

对工业机器人进行拆包装与清点工作后，就需要进行机器人的安装工作啦。本次任务需要将工业机器人本体安装并固定到工作台上，将控制柜安装放置到工作台里。

 知识链接

（1）将控制柜从底座上安放到机器人工作台里（图1-1-8）。

（2）使用扳手拆掉将机器人固定在底座上的螺钉。一共有4颗（图1-1-9）。

（3）将机器人安装到机器人工作台上，并且拧紧机器人本体底盘上的4颗螺钉；然后，将固定机器人姿态的支架拆掉（图1-1-10）。

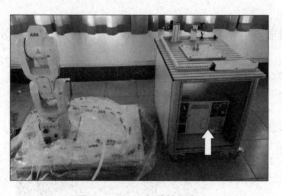 

图1-1-8　安放控制柜　　　　　　图1-1-9　固定螺钉

 任务实施

对实际工业机器人进行操作，将机器人本体安装并固定到工作台上；将对应的控制柜安装放置到工作台里。

 知识拓展

总结工业机器人本体与控制柜的安装流程。

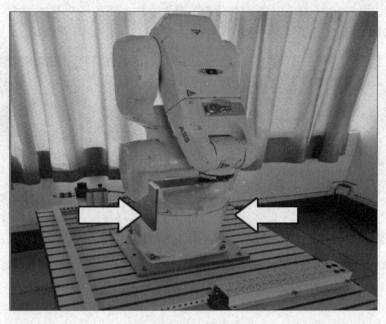

图 1 - 1 - 10　拆卸支架

任务 4　工业机器人本体与控制柜电气连接

 任务导入

本次任务需要完成动力、SMB 和示教器电缆的连接，并完成电源线的制作与接线。

 知识链接

（1）机器人本体与控制柜之间需要连接三条电缆（图 1 - 1 - 11）。

（2）将动力电缆标注为 XP1 的插头接入控制柜（图 1 - 1 - 12）。

图 1 - 1 - 11　本体与控制柜连接　　　　图 1 - 1 - 12　将 XP1 插头接入控制柜

（3）将动力电缆标为 R1. MP 的插头接入机器人本体底座的插头上（图 1 - 1 - 13）。

（4）将 SMB 电缆（直头）接头插入控制柜 XS2 端口（图 1 - 1 - 14）。

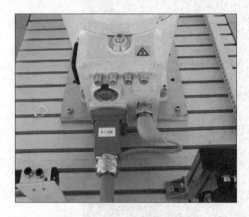

图 1 - 1 - 13　R1. MP 插头

图 1 - 1 - 14　插入 SMB 电缆（直头）接头

（5）将 SMB 电缆（弯头）接头插入机器人本体底座 SMB 端口（图 1 - 1 - 15）。

（6）将示教器电缆（红色）接头插入控制柜 XS4 端口（图 1 - 1 - 16）。

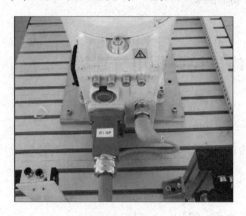

图 1 - 1 - 15　插入 SMB 电缆（弯头）接头

图 1 - 1 - 16　插入示教器电缆（红色）接头

（7）此项目中 IRB1200 使用单相 220V 供电，最大功率为 0.5kW。根据此参数，准备电源线并且制作控制柜端的接头（图 1 - 1 - 17）。

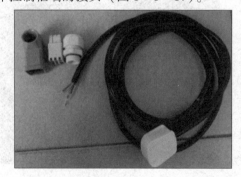

图 1 - 1 - 17　接头

（8）将电源线根据定义进行接线。一定要将电线进行涂锡后插入接头并压紧（图1－1－18）。

（9）已制作好的电源线（图1－1－19）。

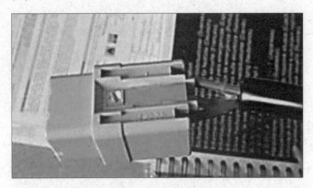

图1－1－18 将接头压紧

图1－1－19 电源线

（10）在检查后，将电源接头插入控制柜XP0端口并锁紧（图1－1－20）。

（11）将示教器支架安装到合适的位置，然后将示教器放好（图1－1－21）。

图1－1－20 XP0端口

图1－1－21 放好示教器

 任务实施

基于实际工业机器人，完成其动力、SMB和示教器的电缆连接，完成电源线的制作和接线操作。

 知识拓展

描述工业机器人本体与控制柜的连接流程。

项目二　工业机器人的基本操作

 项目目标

> ➢ 了解并使用 ABB 工业机器人的示教器；
> ➢ 学会查看常用信息与事件日志；
> ➢ 学会数据的备份与恢复；
> ➢ 学会工业机器人的手动操纵；
> ➢ 学会转数计数器更新的操作。

 任务列表

学习任务	能力要求
任务1　认识示教器	了解示教器上各按钮的作用
	设定示教器的显示语言
	设定工业机器人系统的时间
	正确使用使能器按钮
任务2　查看 ABB 工业机器人常用信息与事件日志	查看 ABB 工业机器人常用信息
	查看 ABB 工业机器人事件日志
任务3 ' ABB 工业机器人数据的备份与恢复	对 ABB 工业机器人数据进行备份
	对 ABB 工业机器人数据进行恢复
	单独导入程序
	单独导入 EIO 文件
任务4　ABB 工业机器人的手动操纵	掌握单轴运动的手动操纵
	掌握线性运动的手动操纵
	掌握重定位运动的手动操纵
	掌握手动操纵的快捷按钮和快捷菜单
任务5　ABB 工业机器人转数计数器的更新操作	掌握 IRB1200 工业机器人机械原点的位置
	掌握需要更新转数计数器的原因
	掌握进行更新转数计数器的操作
任务6　RobotStudio 工作站知识准备	掌握工业机器人应用工作站的共享操作
	掌握工作站中的机器人加载 RAPID 程序模块

任务1 认识示教器

 任务导入

操作工业机器人就必须与 ABB 工业机器人的示教器（FlexPendant）打交道。示教器是一种手持式操作装置，分为硬件和软件两部分，用于执行与操作和工业机器人系统有关的许多任务：运行程序、参数配置、修改机器人程序等。示教器能够在恶劣的工业环境下持续运作，其触摸屏易于清洁，且防水、防油、防溅泼。示教器本身就是一台完整的计算机，通过集成线缆和接头被连接到控制器。

 知识链接

一、示教器

示教器又叫示教编程器（以下简称示教器），是进行机器人手动操作、程序编写、参数设定和监控的手持装置。示教器是机器人控制系统的核心部件，是一个用来注册和存储机械运动或处理记忆的设备。该设备是由电子系统或计算机系统执行任务的。

在示教器上，绝大多数的操作都是在触摸屏上完成的，但它同时保留了必要的按钮和操作装置，如图 1-2-1 和图 1-2-2 所示。

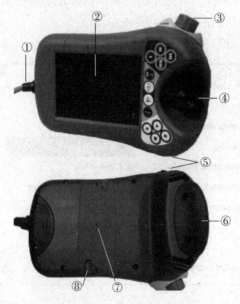

图 1-2-1 示教器的组成

①—连接电缆；②—触摸屏；③—急停开关；④—操纵杆；⑤—USB 端口；
⑥—使能按钮；⑦—示教器复位按钮；⑧—触摸屏用笔

操作示教器时，通常需要手持该设备（图 1-2-3）。习惯用右手在触摸屏上操作的人员，通常用左手持该设备。习惯用左手在触摸屏上操作的人员，通常用右手持该设备。用右手持该设备时，可以将显示器显示方式旋转180°，以便操作。

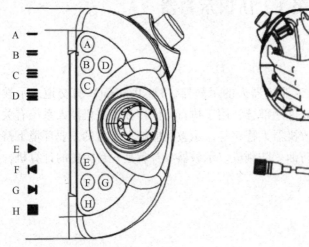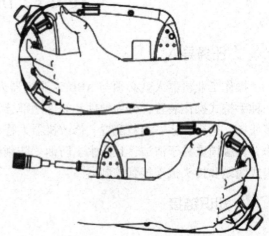

图1-2-2　示教器上的按钮　　　　　　图1-2-3　示教器的操作

A～D—快捷键；E—启动按钮；F—步退按钮；
G—步进按钮；H—暂停按钮

二、示教器语言设置

示教器在出厂时，默认的显示语言是英语，所以在实际使用中，为了方便操作，需要把语言设置为日常习惯使用的语言。下面介绍把显示语言设定为中文的操作步骤。

（1）单击左上角主菜单按钮（图1-2-4）。

（2）选择"Control Panel"（图1-2-4）。

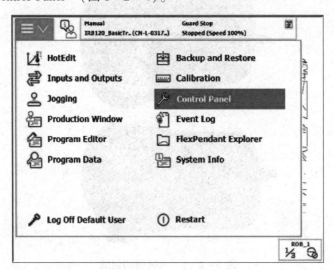

图1-2-4　主菜单

（3）选择"Language"（图1-2-5）。

（4）选择"Chinese"（图1-2-6）。

（5）单击"OK"（图1-2-6）。

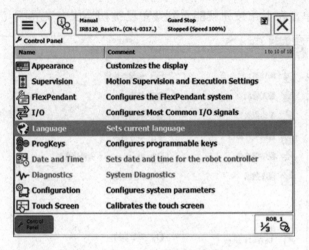

图 1 - 2 - 5　"Language"界面

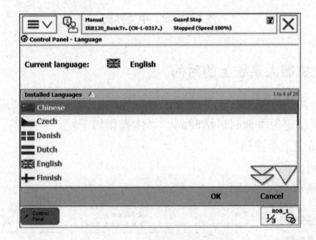

图 1 - 2 - 6　"Chinese"界面

（6）单击"YES"后，系统重启（图 1 - 2 - 7）。

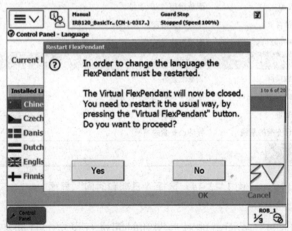

图 1 - 2 - 7　单击"Yes"界面

（7）重启后，单击左上角按钮就能看到菜单已被切换成中文界面（图1-2-8）。

图1-2-8 中文界面

三、设定工业机器人系统上的时间

在实际操作中，为了方便进行文件的管理和故障的查阅与管理，在进行各种操作之前要将机器人系统的时间设定为本地时区的时间，具体操作如下：

（1）单击左上角主菜单按钮。

（2）选择"控制面板"。

（3）选择"日期和时间"（图1-2-9）。

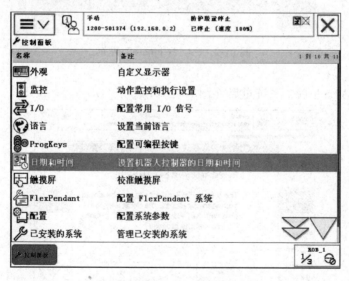

图1-2-9 选择"日期和时间"界面

（4）在"日期和时间"界面就能对日期和时间进行设定。日期和时间修改完成后，单击"确定"（图1-2-10）。

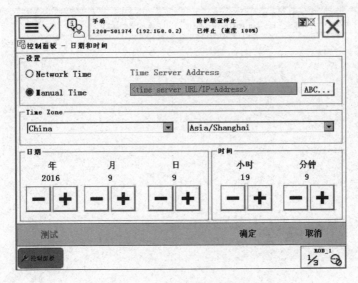

图1-2-10 修改"日期和时间"界面

四、使能器的使用方法

（1）使能器按钮的作用：使能器按钮是为保证工业机器人操作人员人身安全而设置的。只有在按下使能器按钮，并保持在"点击开启"状态时，才可对机器人进行手动操作与程序调试。当发生危险时，人会本能地将使能器按钮松开或按紧，机器人则会马上停下来，这样安全就得到了保证。

（2）使能器按钮的位置：使能器按钮位于示教器操作杆的右侧（图1-2-11）。

（3）使能器按钮的操作：操作者应用左手的四个手指进行操作（图1-2-11）。

图1-2-11 使能器按钮的位置与操作

（4）使能器按钮分为两挡。在手动状态下将第一挡按下去时，机器人就会处于电动机开启状态（图1-2-12）；将第二挡按下去以后，机器人就会处于防护装置停止状态（图1-2-13）。

 **任务实施**

熟悉ABB工业机器人的示教器并进行操作，了解示教器上各按钮的操作方法，设置示教器的显示语言和系统时间。

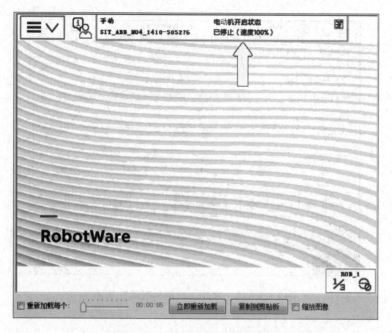

图 1 - 2 - 12　电动机开启状态

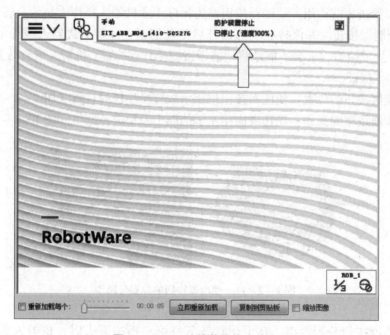

图 1 - 2 - 13　防护装置停止状态

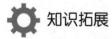 知识拓展

在利用工业机器人示教器进行时间与语言设定的同时，如何正确使用使能器按钮？

任务 2　查看 ABB 工业机器人常用信息与事件日志

 任务导入

在使用工业机器人的过程中，需要查看 ABB 工业机器人的常用信息与事件日志。

 知识链接

在使用示教器过程中，我们可以通过示教器触摸屏界面上的状态栏进行 ABB 工业机器人常用信息及事件日志的查看（图 1-2-14、图 1-2-15）。

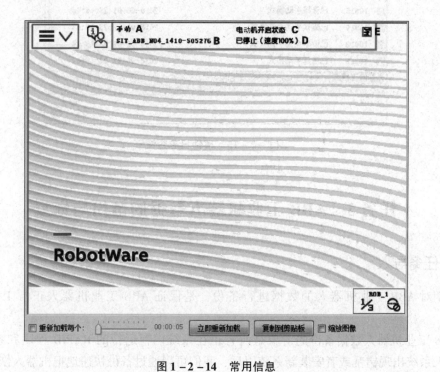

图 1-2-14　常用信息

A—机器人的状态（手动、全速手动和自动）；B—机器人的系统信息；C—机器人的电动机状态；
D—机器人的程序运行状态；E—当前机器人或外轴的使用状态

 任务实施

实际查看工业机器人常用信息，并查阅机器人事件日志。

 知识拓展

机器人示教器上显示机器人的哪些常用信息？

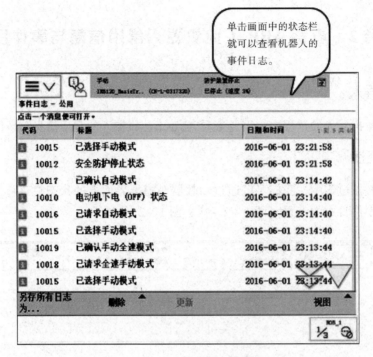

图 1 - 2 - 15　事件日志查看

任务 3　ABB 工业机器人数据的备份与恢复

 任务导入

定期对 ABB 工业机器人的数据进行备份，是保证 ABB 工业机器人正常工作的良好习惯。

ABB 工业机器人数据备份的对象是所有正在系统内存运行的 RAPID 程序和系统参数。当机器人系统出现错乱或者安装新系统以后，我们可以通过备份快速地把机器人恢复到备份时的状态。

 知识链接

一、对 ABB 工业机器人数据进行备份的操作

（1）单击左上角主菜单按钮，选择"备份与恢复"（图 1 - 2 - 16）。

（2）单击"备份当前系统..."（图 1 - 2 - 17）。

（3）单击"ABC..."按钮，进行存放备份数据目录名称的设定。

（4）单击"..."按钮，选择备份存放的位置（机器人硬盘或 USB 存储设备）。

（5）单击"备份"进行备份的操作（图 1 - 2 - 18）。

（6）等待备份的完成（图 1 - 2 - 19）。

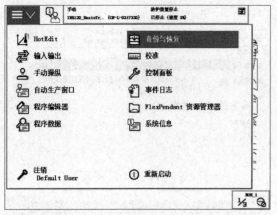

图1-2-16 选择"备份与恢复"

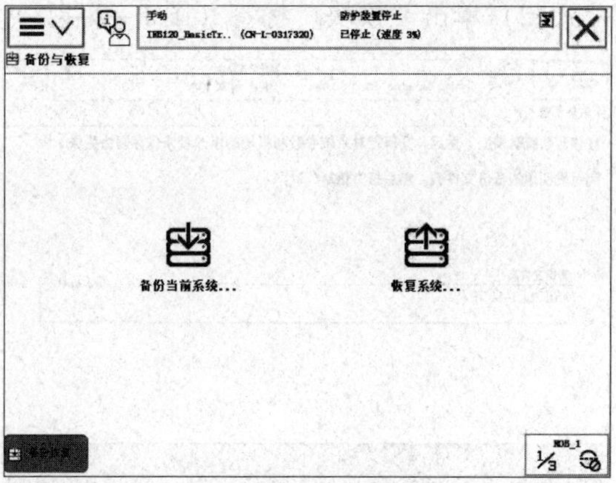

图1-2-17 单击"备份当前系统…"

图1-2-18 单击"备份"

图1-2-19 等待备份的完成

二、对ABB工业机器人数据进行恢复的操作

（1）单击"恢复系统…"。

（2）单击"…"，选择备份存放的目录。

（3）单击"恢复"（图1-2-20）。

（4）单击"是"（图1-1-21）。

我们在进行恢复时，要注意：备份的数据具有唯一性，不能将一台机器人的数据备份恢复到另一台机器人中去，否则会造成系统故障。

但是，我们也常会将程序和I/O的定义做成通用的，以方便批量生产时使用。这时，我们可以通过分别导入程序和EIO文件来解决实际的问题。这个操作只允许在具有相同Robot-Ware版本的工业机器人之间进行。

三、单独导入程序的操作

（1）单击左上角主菜单按钮，选择"程序编辑器"（图1-2-22）。

（2）单击"模块"标签（图1-2-23）。

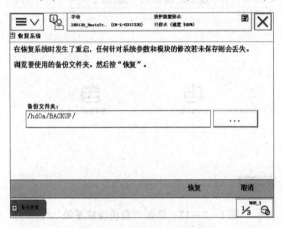

图1-2-20 单击"恢复" 　　　　　图1-2-21 单击"是"（1）

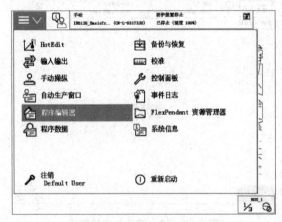

图1-2-22 选择"程序编辑器" 　　　图1-2-23 单击"模块"标签

（3）打开"文件"菜单，单击"加载模块…"，在"备份目录/RAPID"路径下加载我们所需要的程序模块（图1-2-24）。

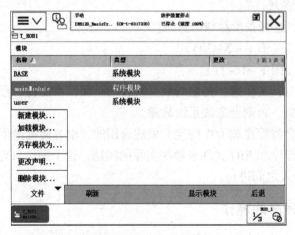

图1-2-24 单击"加载模块…"（1）

四、单独导入 EIO 文件的操作

（1）单击左上角主菜单按钮。

（2）选择"控制面板"（图 1 - 2 - 25）。

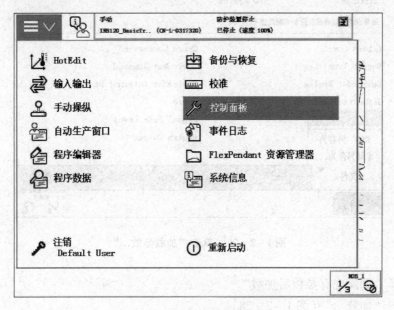

图 1 - 2 - 25 选择"控制面板"

（3）选择"配置"（图 1 - 2 - 26）。

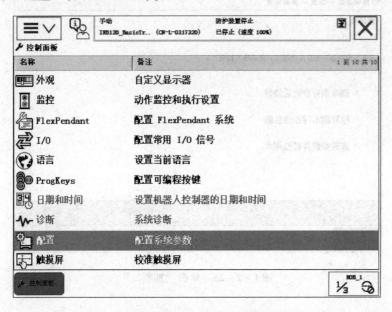

图 1 - 2 - 26 选择"配置"

（4）打开"文件"菜单，单击"加载参数…"（图 1 - 2 - 27）。

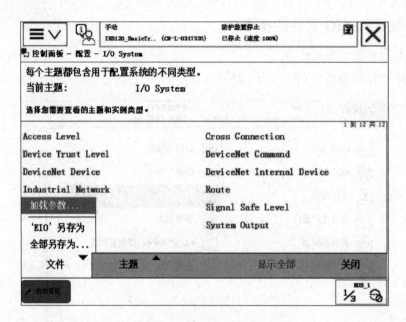

图 1 – 2 – 27　单击"加载参数…"

（5）选择"删除现有参数后加载"。

（6）单击"加载…"（图 1 – 2 – 28）。

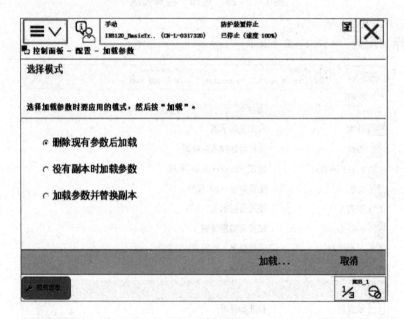

图 1 – 2 – 28　单击"加载…"

（7）在"备份目录/SYSPAR"路径下找到 EIO. cfg 文件。

（8）单击"确定"（图 1 – 2 – 29）。

（9）单击"是"，重新启动后完成导入（图 1 – 2 – 30）。

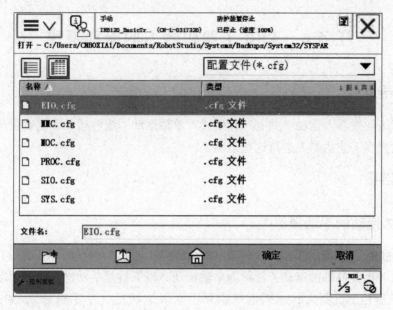

图 1 - 2 - 29　单击"确定"

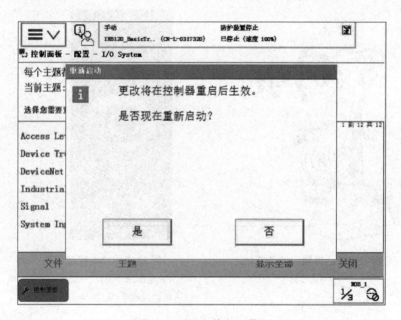

图 1 - 2 - 30　单击"是"

 任务实施

对实际的工业机器人数据进行备份操作，养成良好的工作习惯。对机器人数据进行恢复操作。

 知识拓展

请在不同机器人示教器上进行工业机器人数据的备份、恢复操作。

任务4 ABB工业机器人的手动操纵

任务导入

手动操纵工业机器人运动一共有三种模式：单轴运动、线性运动和重定位运动。本任务介绍如何手动操纵工业机器人进行这些运动。

知识链接

一、单轴运动的手动操纵

一般地，ABB工业机器人是由六个伺服电动机分别驱动机器人的六个关节轴（图1-2-31），每次手动操纵一个关节轴的运动，被称为单轴运动。以下就是手动操纵单轴运动的方法。

（1）将控制柜上机器人状态钥匙切换到手动限速状态（小手标志），如图1-2-32所示。

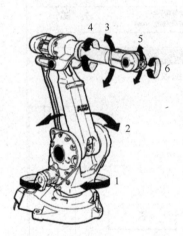

图1-2-31　机器人的关节轴
1~6—关节轴

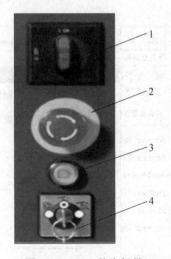

图1-2-32　状态钥匙
1—电源总开关；2—急停开关；
3—电动机通电/复位；4—机器人状态

（2）在状态栏中，确认机器人的状态已切换为"手动"，如图1-2-33所示。

（3）单击左上角主菜单按钮，如图1-2-33所示。

（4）选择"手动操纵"，如图1-2-34所示。

（5）单击"动作模式:"，如图1-2-35所示。

（6）选中"轴1-3"，然后单击"确定"（选中"轴4-6"，就可以操纵轴4~6），如图1-2-36所示。

（7）用左手按下使能器按钮，进入"电动机开启"状态，如图1-2-37所示。

（8）在状态栏中，确认"电动机开启"状态，如图1-2-38所示。

（9）显示"轴1-3"的操纵杆方向，箭头代表正方向，如图1-2-38所示。

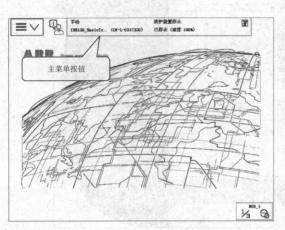

图1-2-33 "手动"状态

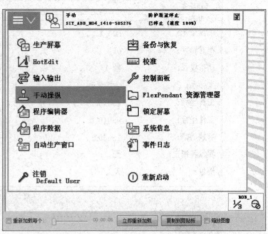

图1-2-34 选择"手动操纵"

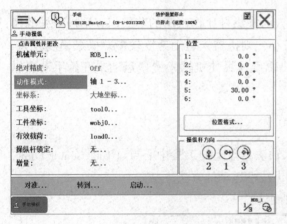

图1-2-35 单击"动作模式："

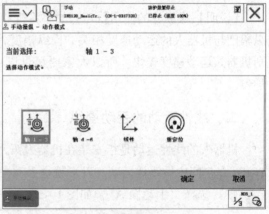

图1-2-36 单击"确定"

图1-2-37 按下使能器按钮

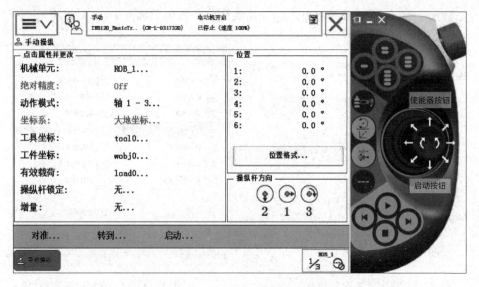

图1-2-38 确认"电动机开启"状态

【说明】操纵杆的使用技巧：如果将机器人的操纵杆比作汽车的节气门，则操纵杆的操纵幅度与机器人的运动速度相关。操纵幅度较小，则机器人运动速度较慢。操纵幅度较大，则机器人运动速度较快。所以大家要尽量以小幅度操纵使机器人慢慢运动来开始手动操纵学习。

二、线性运动的手动操纵

机器人的线性运动是指安装在机器人第六轴法兰盘上的工具中心点（Tool Center Point，TCP）在空间中做线性运动。以下就是手动操纵线性运动的方法。

（1）选择"手动操纵"，如图1-2-39所示。

图1-2-39 选择"手动操纵"

（2）单击"动作模式："，如图 1 – 2 – 40 所示。

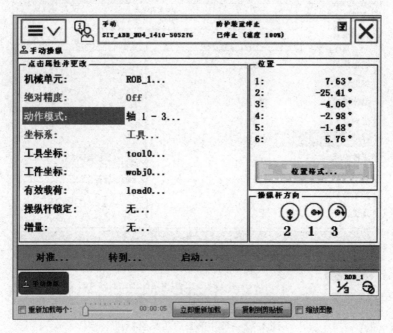

图 1 – 2 – 40　单击"动作模式："

（3）选择"线性"，然后单击"确定"，如图 1 – 2 – 41 所示。

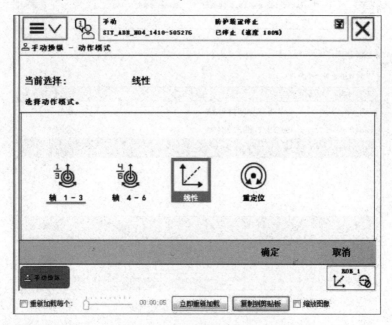

图 1 – 2 – 41　单击"确定"

（4）单击"工具坐标："（机器人的线性运动要在"工具坐标"中指定对应的工具），如图 1 – 2 – 42 所示。

（5）选中对应的工具"tool1"，然后单击"确定"，如图 1 – 2 – 43 所示。

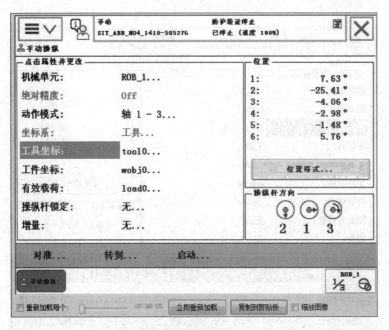

图 1 – 2 – 42　单击"工具坐标:"

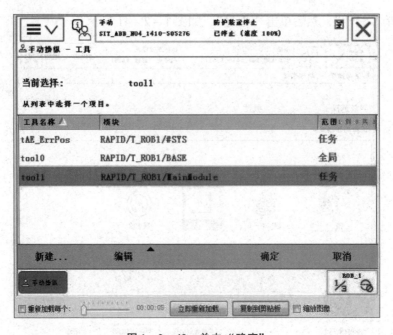

图 1 – 2 – 43　单击"确定"

（6）用左手按下使能器按钮，进入"电动机开启"状态，如图 1 – 2 – 44 所示。

（7）在状态栏中，确认"电动机开启"状态，如图 1 – 2 – 45 所示。

（8）显示轴 X、Y、Z 的操纵杆方向，箭头代表正方向，如图 1 – 2 – 45 所示。

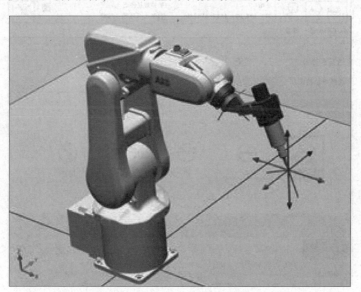

图1-2-44 进入"电动机开启"状态　　图1-2-45 确认"电动机开启"状态

（9）操作示教器上的操纵杆，TCP在空间中做线性运动，如图1-2-46所示。

图1-2-46 TCP在空间中做线性运动

以上为手动操纵线性运动的基本步骤，在日常使用过程中，如果使用者对通过操纵杆的位移幅度来控制机器人运动的速度不熟练的话，那么可以使用"增量"模式来控制机器人的运动。

在增量模式下，操纵杆每位移一次，机器人就移动一步。如果操纵杆持续一秒或数秒，机器人就会持续移动（速率为10步/s）。以下为增量模式的使用方法。

（1）选中"增量:"，如图1-2-47所示。

（2）根据需要选择增量的移动距离，然后单击"确定"，如图1-2-48所示。

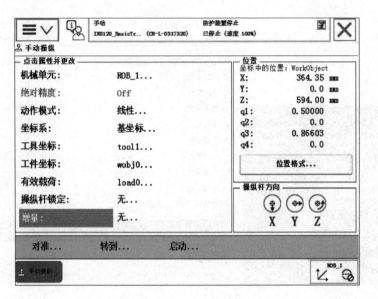

图1-2-47 单击"增量:"

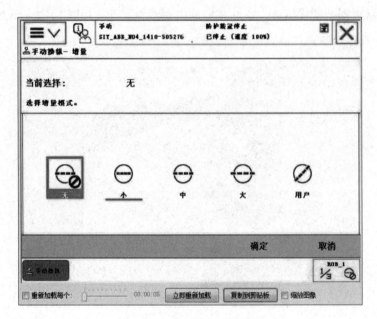

图1-2-48 单击"确定"

增量的移动距离及弧度见表1-2-1。

表1-2-1 增量的移动距离及弧度

增量	移动距离/mm	弧度/rad
小	0.05	0.000 5
中	1	0.004
大	5	0.009
用户	(自定义)	(自定义)

三、重定位运动的手动操纵

机器人的重定位运动是指机器人第六轴法兰盘上的 TCP 在空间中绕着坐标轴旋转的运动，也可以理解为机器人绕着 TCP 做姿态调整的运动。以下就是手动操纵重定位运动的方法。

（1）选择"手动操纵"，如图 1 – 2 – 49 所示。

（2）单击"动作模式:"，如图 1 – 2 – 50 所示。

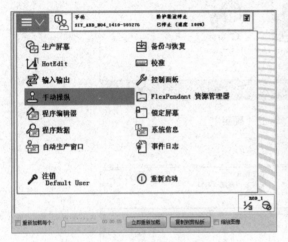

图 1 – 2 – 49　选择"手动操纵"

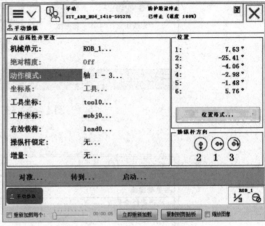

图 1 – 2 – 50　单击"动作模式:"

（3）选择"重定位"，然后单击"确定"，如图 1 – 2 – 51 所示。

（4）单击"坐标系:"，如图 1 – 2 – 52 所示。

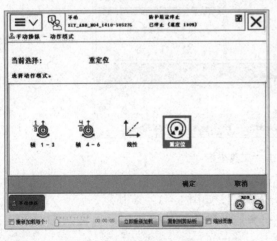

图 1 – 2 – 51　单击"确定"

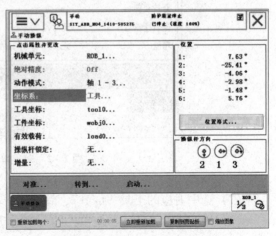

图 1 – 2 – 52　单击"坐标系:"

（5）选择"工具"，然后单击"确定"，如图 1 – 2 – 53 所示。

（6）单击"工具坐标:"，如图 1 – 2 – 54 所示。

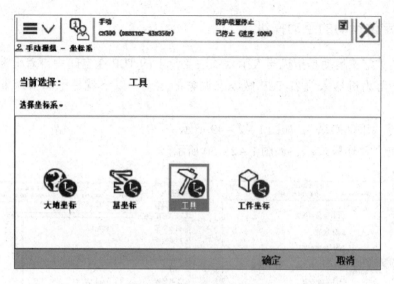

图 1 - 2 - 53　单击"确定"

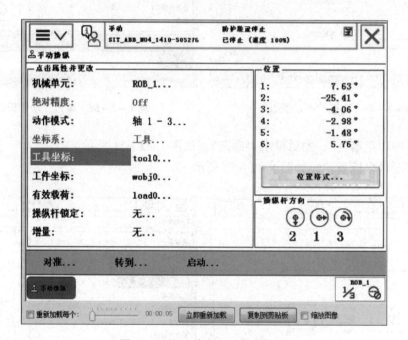

图 1 - 2 - 54　单击"工具坐标："

（7）选中对应的工具"tool1"，然后单击"确定"，如图 1 - 2 - 55 所示。

（8）用左手按下使能器按钮，进入"电动机开启"状态，如图 1 - 2 - 56 所示。

（9）在状态栏中，确认"电动机开启"状态，如图 1 - 2 - 57 所示。

（10）显示轴 X、Y、Z 的操纵杆方向，箭头代表正方向，如图 1 - 2 - 57 所示。

（11）操作示教器上的操纵杆，机器人绕着 TCP 做姿态调整的运动，如图 1 - 2 - 58 所示。

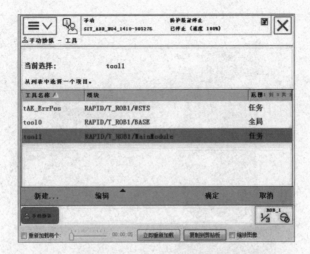

图 1 - 2 - 55 单击"确定"

图 1 - 2 - 56 进入"电动机开启"状态

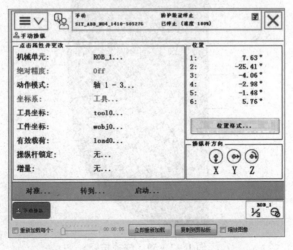

图 1 - 2 - 57 确认"电动机开启"状态

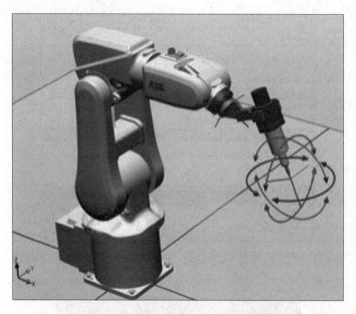

图 1 - 2 - 58　工业机器人绕着 TCP 做姿态调整的运动

四、手动操纵的快捷按钮、快捷菜单

图 1 - 2 - 59 所示为快捷按钮。

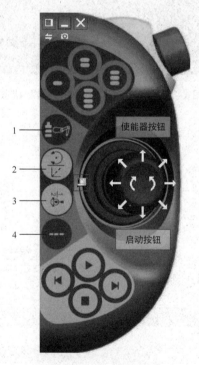

使能器按钮

启动按钮

图 1 - 2 - 59　快捷按钮

1—机器人/外轴的切换；2—线性运动/重定位运动的切换；
3—关节运动轴 1 - 3/轴 4 - 6 的切换；4—增量开/关

（1）单击右下角快捷菜单按钮，如图 1 – 2 – 60 所示。

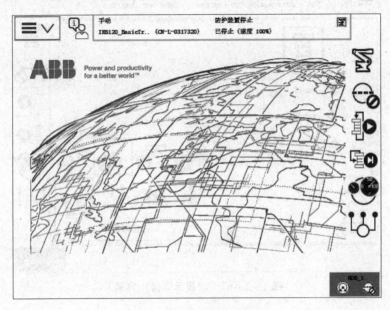

图 1 – 2 – 60　快捷菜单按钮

（2）单击"手动操纵"按钮，如图 1 – 2 – 61 所示。

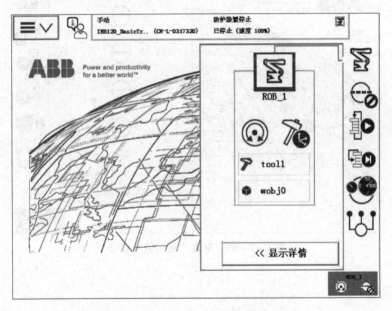

图 1 – 2 – 61　单击"手动操纵"按钮

（3）单击"显示详情"按钮之后显示图 1 – 2 – 62 所示的界面。

（4）单击"增量模式"按钮，选择需要的增量，如图 1 – 2 – 62 所示。

（5）自定义增量值的方法：选择"用户模块"，然后单击"显示值"按钮，如图 1 – 2 – 63 所示。

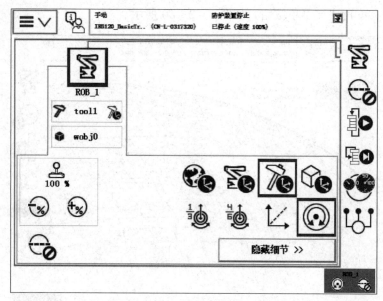

图 1 - 2 - 62 "显示详情"界面

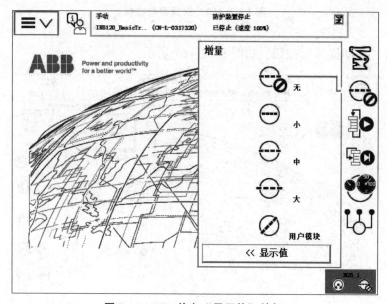

图 1 - 2 - 63 单击"显示值"按钮

任务实施

基于实际工业机器人进行单轴运动的手动操纵、线性运动的手动操纵与重定位运动的手动操纵。

知识拓展

请选用合适速度，对工业机器人进行单轴运动的手动操纵、线性运动的手动操纵。尝试用增量模式对工业机器人进行线性微量的移动。

任务 5 ABB 工业机器人转数计数器的更新操作

任务导入

基于 IRB1200 工业机器人，掌握其机械原点位置，掌握需要更新转数计数器的原因，以及更新转数计数器的操作。

知识链接

ABB 工业机器人六个关节轴都有一个机械原点的位置，如图 1-2-64 所示。在下述的情况下，我们需要对机械原点的位置进行转数计数器更新操作：

（1）更换伺服电动机转数计数器电池后。

（2）当转数计数器发生故障，修复后。

（3）转数计数器与测量板之间断开过以后。

（4）断电后，机器人关节轴发生了位移。

（5）当系统报警提示 "10036 转数计数器未更新" 时。

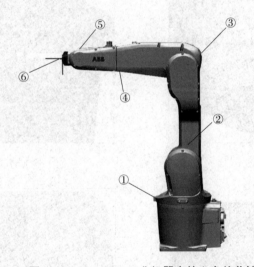

图 1-2-64 ABB 工业机器人的六个关节轴

①—关节轴 1；②—关节轴 2；③—关节轴 3；
④—关节轴 4；⑤—关节轴 5；⑥—关节轴 6

以下是进行 ABB 工业机器人 IRB1200 转数计数器更新的操作。

图 1-2-65 所示为机器人六个关节轴的机械原点刻度位置，手动操纵使工业机器人各关节轴运动到机械原点刻度位置时，建议先操纵关节轴 4~6，再操纵关节轴 1~3，这样可以避免关节轴 1~3 回到原点后关节轴 4~6 位置过高，不方便查看与操作的问题。

（1）在手动操纵菜单中，动作模式选择 "轴 4-6"，依次将关节轴 4、关节轴 5、关节轴 6 运动到机械原点的刻度位置。

（2）在手动操纵菜单中，运动模式选择"轴1－3"，依次将关节轴1、关节轴2、关节轴3运动到机械原点的刻度位置。

（3）单击左上角主菜单，选择"校准"（图1－2－66）。

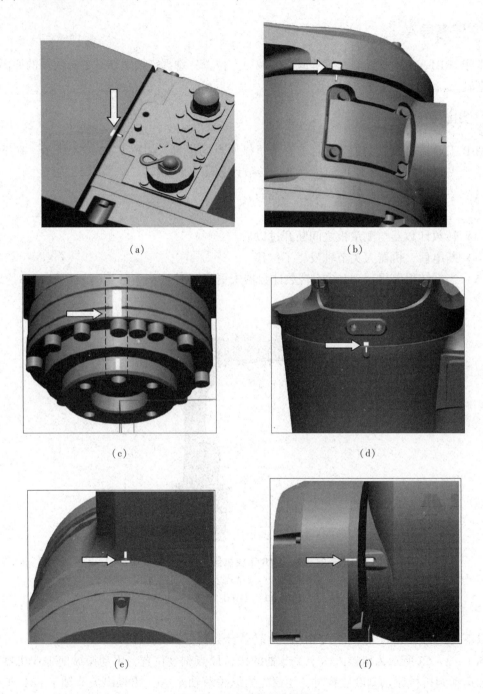

（a）

（b）

（c）

（d）

（e）

（f）

图1－2－65 关节轴细节图

（a）关节轴4；（b）关节轴5；（c）关节轴6；（d）关节轴1；（e）关节轴2；（f）关节轴3

（4）单击"ROB_1"（图1-2-67）。

图1-2-66 选择"校准"

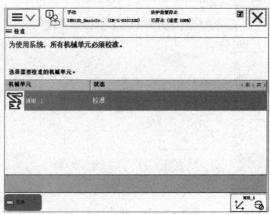
图1-2-67 单击"ROB_1"

（5）选择"校准参数"。提示：不用每次都特意查看校准参数。首次更新转数计数器时或者本体维修后，需要核对校准参数，一般情况下直接更新转数计数器。

（6）选择"编辑电动机校准偏移…"（图1-2-68）。

（7）将机器人本体上电动机校准偏移数据记录下来（图1-2-69）。

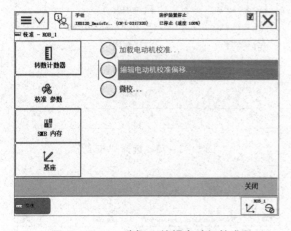
图1-2-68 选择"编辑电动机校准
偏移…"

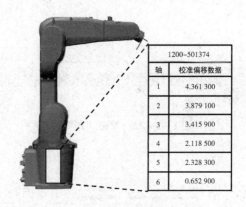

1200-501374	
轴	校准偏移数据
1	4.361 300
2	3.879 100
3	3.415 900
4	2.118 500
5	2.328 300
6	0.652 900

图1-2-69 将机器人本体上电动机校准偏
移数据记录下来

（8）单击"是"（图1-2-70）。

（9）输入步骤（7）中从机器人本体记录的电动机校准偏移数据，然后单击"确定"（图1-2-71）。

如果示教器中显示的数值与机器人本体上的标签数值一致，则无须修改，直接单击"取消"退出，跳到步骤（11）。

（10）单击"是"（图1-2-72），重新启动后，选择"校准"（图1-2-73）。

（11）单击"ROB_1"（图1-2-74）。

（12）选择"更新转数计数器…"（图1-2-75）。

图1-2-70 单击"是"

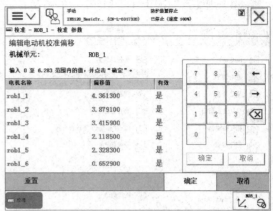

图1-2-71 单击"确定"

图1-2-72 单击"是"

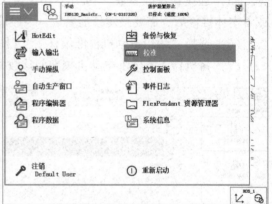

图1-2-73 选择"校准"

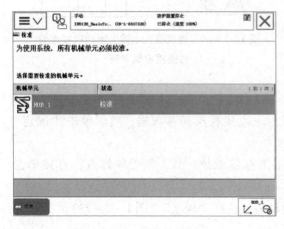

图1-2-74 单击"ROB_1"

图1-2-75 选择"更新转数计数器…"

（13）单击"是"（图1-2-76）。

（14）单击"确定"（图1-2-77）。

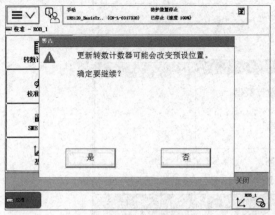

图1-2-76　单击"是"

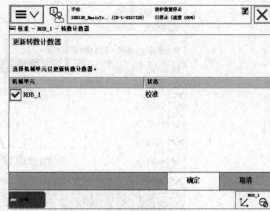

图1-2-77　单击"确定"

（15）单击"全选"，然后单击"更新"（图1-2-78，如果由于机器人安装位置的关系，六个轴无法同时到达机械原点刻度位置，则可以逐一对关节轴进行转数计数器更新）。

（16）单击"更新"（图1-2-79）。

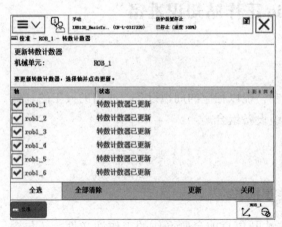

图1-2-78　单击"全选"

图1-2-79　单击"更新"

（17）操作完成后，转数计数器更新完成（图1-2-80）。

 任务实施

对实际工业机器人的转数计数器进行更新。

 知识拓展

对工业机器人进行一次转速计数器更新。

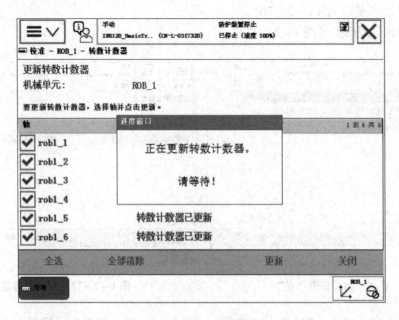

图 1-2-80 更新完成

任务 6 RobotStudio 工作站知识准备

 任务导入

机器人工作站是指以一台或多台机器人为主，配以相应的周边设备，或借助人工的辅助操作一起完成相对独立的一种作业或工序的一组设备组合。

 知识链接

一、工业机器人典型应用工作站的共享操作

在 RobotStudio 中，一个完整的机器人工作站既包含前台所操作的工作站文件，还包含后台运行的机器人系统文件。当需要共享 RobotStudio 软件所创建的工作站时，我们可以利用"文件"菜单中"共享"的"打包"功能将所创建的机器人工作站打包成工作包（.rspag 格式）；利用"解包"功能将该工作包在另外的计算机上解包使用（图 1-2-81）。

（1）"打包"：创建一个包含虚拟控制器、库和附加选项媒体库的工作站包。

（2）"解包"：解包所打包的文件，启动并恢复虚拟控制器，打开工作站。

二、为工作站中的机器人加载 RAPID 程序模块

在机器人应用过程中，如果已有一个程序模块，则可以直接将该模块加载至机器人系统中。例如，已有 1#机器人程序，2#机器人的应用与 1#机器人相同，那么可以将 1#机器人的程序模块直接导入 2#机器人中。加载方法有以下两种。

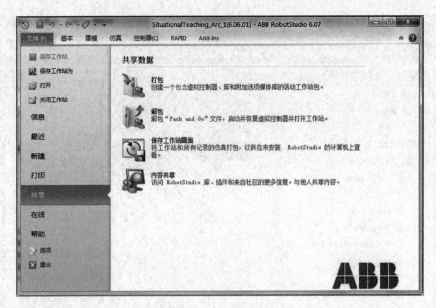

图 1 - 2 - 81　"共享"界面

(一) 软件加载

在 RobotStudio 中，"离线"菜单的"加载模块"可以用于加载程序模块，"在线"菜单中也有该功能，前者针对的是 PC 端仿真的机器人系统，后者针对的是利用网线连接的真实的机器人系统。

(1) 单击"RAPID"菜单中的"加载模块…"（图 1 - 2 - 82）。

图 1 - 2 - 82　单击"加载模块…"

(2) 浏览至需要加载的程序模块文件，单击"打开"（图 1 - 2 - 83）。

(二) 示教器加载

在示教器中依次单击：ABB 菜单—程序编辑器—模块—文件—加载模块，之后浏览至所需加载的模块进行加载。

图 1 - 2 - 83　单击"打开"

（1）在程序编辑器模块栏中单击"文件"（图 1 - 2 - 84）。

（2）单击"加载模块…"（图 1 - 2 - 84）。

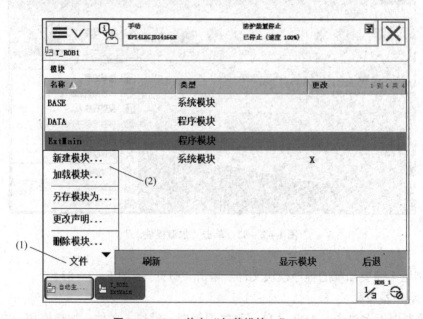

图 1 - 2 - 84　单击"加载模块…"（3）

（3）浏览至所需加载的程序模块文件，单击"确定"（图1-2-85）。

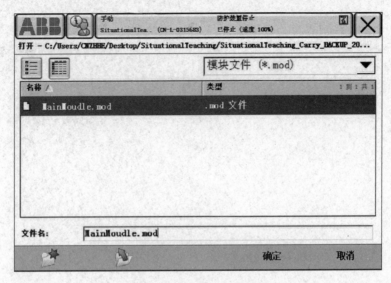

图1-2-85　单击"确定"

 任务实施

请建立工作站，并进行工作站的共享操作。将已有的程序模块直接加载到机器人系统中。

 知识拓展

（1）请创建一个新的工作站进行打包和解包操作。

（2）请将机器人程序模块加载到机器人程序中。

模块二

手动控制工业机器人

项目一　工业机器人作业安全规范认知

 项目目标

➢ 掌握工业机器人作业安全规范。

 任务列表

学习任务	知识点	能力要求
任务 1　工业机器人作业安全规范概述	工业机器人在自动化生产作业和手动操作下的安全规范及开关机操作	掌握工业机器人操作时的各种安全规范；掌握工业机器人开关机的操作方法
任务 2　工业机器人示教器安全模式的设定	工业机器人示教器在不同的安全模式下的功能及设定方法	掌握工业机器人示教器安全模式及其设定

任务1　工业机器人作业安全规范概述

 任务导入

以安川机器人为例，学习工业机器人作业的安全规范以及工业机器人的开机流程，为工业机器人实操做准备。

 知识链接

一、工业机器人安全知识

在开启工业机器人之前，请仔细阅读工业机器人光盘里的产品手册，务必阅读产品手册中安全章节里的全部内容。请在熟练掌握设备知识、安全信息以及注意事项后，再操作工业机器人。

（一）关闭总电源

在进行工业机器人的安装、维修和保养时切记要将总电源关闭。带电作业可能会产生致命性后果。不慎遭到高压电击，可能会导致心跳停止、烧伤或其他严重伤害。

在得到停电通知时，要预先关断工业机器人的主电源及气源。

突然停电后，要在来电之前预先关闭工业机器人的主电源开关，并及时取下夹具上的工件。

（二）与工业机器人保持足够的安全距离

在调试与运行工业机器人时，可能会使工业机器人执行一些意外的或不规范的运动，而且所有的运动都会产生很大的力量，这会严重伤害个人或损坏工业机器人工作范围内的任何设备，所以我们应时刻警惕与工业机器人保持足够的安全距离。

（三）静电放电危险

静电放电（Electrostatic Discharge，ESD）是电势不同的两个物体间的静电传导，它可以通过直接接触传导，也可以通过感应电场传导。当搬运部件或部件容器时，未接地的人员可能会传递大量的静电荷，这一放电过程可能会损坏敏感的电子设备，所以在有此标识的情况下，我们要做好静电放电防护准备。

（四）紧急停止

紧急停止优先于任何其他工业机器人控制操作，它会断开工业机器人电动机的驱动电源，停止所有运转部件，并切断由工业机器人系统控制且存在潜在危险的功能部件的电源。当出现下列情况时请立即按下紧急停止按钮：

（1）当工业机器人运行时，工作区域内有工作人员。

（2）工业机器人伤害了工作人员或损伤了机器设备。

（五）灭火

当发生火灾时，在确保全体人员安全撤离后再进行灭火。应先处理受伤人员。当电气设备（例如工业机器人或控制器）起火时，应使用二氧化碳灭火器，切勿使用水或泡沫。

（六）工作中的安全

工业机器人速度慢，但是很重，并且力度很大。运动中的停顿或停止都会产生危险。即使可以预测运动轨迹，外部信号也有可能改变操作，在没有任何警告的情况下，使工业机器人产生预想不到的运动。因此，当进入保护空间时，务必遵循所有的安全条例。

（1）如果在保护空间内有工作人员，请手动操作工业机器人系统。

（2）当进入保护空间时，请准备好示教器，以便随时控制工业机器人。

（3）注意旋转或运动的工具，例如切削工具，确保在接近工业机器人之前这些工具已经停止运动。

（4）注意工件和工业机器人系统的高温表面。机器人电动机长期运转后温度很高。

（5）注意夹具并确保夹好工件，如果夹具打开，工件会脱落并导致人员受到伤害或设备受到损坏。夹具非常有力，如果不按照正确方法操作，也会导致人员受到伤害。当机器人停机时，夹具上不应置物，必须空机。

（6）注意液压、气压系统以及带电部件。即使断电，这些电路上的残余电量也很危险。

（七）示教器的安全

示教器是一种高品质的手持式终端，它配备了高灵敏度的一流电子设备。为避免操作不当引起的故障或损害，操作时应注意以下几点：

（1）小心操作。不要摔打、抛或重击，否则会导致设备破损或故障。在不使用示教器时，将它挂到专门的支架上，以防意外掉落。

（2）使用和存放时，应避免踩踏示教器电缆。

（3）切勿使用锋利的物体（例如螺钉、刀具或笔尖）操作触摸屏，以免使触摸屏受损。应用手指或触摸笔去操作示教器触摸屏。

（4）定期清洁触摸屏。灰尘和小颗粒可能会挡住屏幕造成故障。

（5）切勿使用溶剂、洗涤剂或擦洗海绵清洁示教器，应使用软布蘸少量水或中性清洁剂清洁。

（6）没有连接 USB 设备时，务必盖上 USB 端口的保护盖。如果端口暴露到灰尘中，它可能会中断或发生故障。

（八）手动模式下的安全

在手动模式下，只能手动操作工业机器人。只要在安全保护空间内工作，就应始终以手动速度进行操作。所有人员都处于安全保护空间时，操作人员必须经过特殊训练，而且熟知潜在的危险。

（九）自动模式下的安全

自动模式用于在生产中运行工业机器人程序。在自动模式下，常规模式停止（GS）机制、自动模式停止（AS）机制和上级停止（SS）机制都将处于活动状态。

二、工业机器人开关机的安全操作

（一）工业机器人控制系统开机前的检查事项

（1）确认控制柜与示教器、机器人的连接线缆以图 2-1-1 所示形式被正确连接并固定。

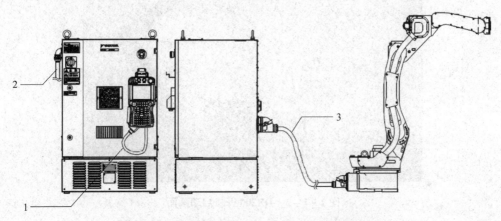

图 2-1-1　DX200 控制柜、示教器和机器人的连接
1—示教编程器电线；2—主电源电线；3—供电电线

（2）确认系统的三相电源进线及接地保护线（PE）已按照图 2-1-2 所示形式被正确连接到控制柜的电源总开关进线侧，电源进线的电缆固定接头已拧紧。电源进线的电压为三相 AC 200 V/50 Hz 或 AC 220 V/60 Hz，电压变化范围为 +10% ~ -15%，频率变化范围小于 ±2%。

（3）确认控制柜门已关闭、电源总开关置于 OFF 位置；工业机器人运动范围内无操作人员及可能影响工业机器人正常运行的其他无关器件。

（二）开机

当系统符合开机条件时，工作人员可按照以下步骤完成开机操作：

（1）将控制柜门上的电源总开关旋转到 ON 位置，接通工业机器人系统控制电源。控制电源接通后，系统将进行初始化和诊断操作，示教器将显示图 2-1-3 所示的开机启动画面。

（2）系统完成初始化和诊断操作后，示教器将显示图 2-1-4 所示的开机初始页面，信息显示区显示操作提示信息"请接通伺服电源"。

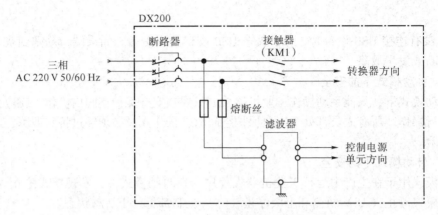

图 2 - 1 - 2　供电电源的连接

图 2 - 1 - 3　DX200 开机启动画面

图 2 - 1 - 4　DX200 开机初始页面

（3）复位控制柜门、示教器以及其他辅助控制装置、辅助操作台、安全防护罩等（如存在）的全部急停按钮。

（4）当示教器操作模式选择开关选择"再现（PLAY）"模式时，如果机器人安装有安全防护门，则应关闭机器人安全防护门；然后，按操作面板上的"伺服准备"键，接通伺服主电源、启动伺服。当示教器操作模式选择开关选择"示教（TEACH）"模式时，按操作面板上的"伺服准备"键，接通伺服主电源；然后，轻握示教器背面的"伺服 ON/OFF"开关，启动伺服。

伺服启动后，示教器上的"伺服接通"指示灯常亮。

（三）关机

当系统正常关机时，关机前工作人员应确认机器人的程序运行已结束，机器人已完全停止运动，然后按步骤关机；当系统出现紧急情况时，工作人员可直接关机。正常关机步骤如下：

（1）按下示教器或控制柜上的急停按钮，切断伺服驱动器主电源。驱动器主电源被切断，所有伺服电动机的制动器将立即制动，禁止机器人运动。

（2）将控制柜门上的电源总开关旋转到 OFF 位置，关闭工业机器人系统的控制电源。

任务实施

通过对机器人操作注意事项的学习，了解工业机器人操作过程中的注意事项以及不同运动模式下的操作提示，能够在紧急情况下做出相应处理。

知识拓展

使用工业机器人时的人员安全注意事项见表 2-1-1。

因为机器人是在一定空间内动作的，所以动作空间是危险区域。在机器人的动作空间内，可能发生意外事故。

MOTOMAN 机器人的安全管理人员以及从事安装、操作、保养的相关人员必须时刻谨记安全第一；确保自身安全的同时，还要考虑相关人员以及其他人员的安全。

表 2-1-1　使用工业机器人时的人员安全注意事项

避免在 MOTOMAN 机器人安装区域有危险行为； 否则，可能会与机器人或周围机器碰撞而导致人员受伤
必须遵守工厂内安全标示上的内容，如"严禁烟火""高压""危险""非相关人员禁止入内"等； 否则，可能会发生火灾、触电、碰撞，从而导致人员受伤
为了预防危险，在服饰方面，请严格遵守以下事项： ①请穿工作服。 ②操作 MOTOMAN 机器人时，请不要戴手套。 ③请不要将内衣、衬衫、领带露在工作服外。 ④请不要戴大号耳饰、挂饰等。 ⑤必须穿安全鞋、戴安全帽等安全防护用品。 不恰当的服饰会引发人员伤害事故

续表

必须规定非操作人员"禁止靠近"MOTOMAN 机器人的安装区域，并严格遵守规定； 否则，可能会与 DX200、操作柜、工件以及其他夹具等碰撞而导致人员受伤
请不要强行扳动、悬吊、骑坐机器人； 否则，可能导致人员受伤、设备受损 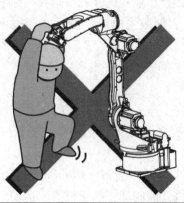
请不要坐在 DX200 上； 否则，可能导致人员受伤、设备受损； 请不要随意触碰 DX200 或其他的控制柜开关、按钮等； 否则，机器人可能会有预想不到的动作，导致人员受伤、设备受损 
通电中，禁止未受培训的人员触碰 DX200 和示教器； 否则，机器人可能会有预想不到的动作，导致人员受伤、设备受损

任务 2　工业机器人示教器安全模式的设定

 任务导入

以安川机器人为例，学习工业机器人示教器的安全模式及其设定，为工业机器人实操做准备。

 知识链接

一、示教器的安全模式

为了保证系统安全可靠运行，防止由于误操作等原因影响系统的正常运行，安川工业机器人 DX200 系统通过安全模式的设定和选择，对操作者的权限进行了规定。

DX200 系统设计有"操作模式""编辑模式""管理模式""安全模式""一次性管理模式"5 种安全模式。

操作模式：操作模式是 DX200 最基本的安全模式，在任何情况下系统都可以进入此模式。选择操作模式时，操作者只能对机器人进行最基本的操作，如程序的选择、启动或停止操作，系统变量、输入/输出信号、坐标轴位置的显示等。

编辑模式：选择编辑模式，操作者可以进行示教和编程，也可对系统的变量、通用输出信号、作业原点和第 2 原点、用户坐标系、执行器控制装置等进行设定操作。进入编辑模式需要操作者输入正确的口令，DX200 系统出厂时设定的进入编辑模式初始口令为"0000000000000000"。

管理模式：管理模式一般为维修人员使用，选择管理模式后，操作者可以进行系统的全部操作，如显示和编制梯形图程序、I/O 报警、I/O 信息、定义 1/00 信号；设定干涉区、碰撞等级、原点位置、系统参数、操作条件、解除超程等。进入管理模式需要操作者输入更高一级的口令，DX200 系统出厂时设定的进入管理模式初始口令为"9999999999999999"。

安全模式：该模式允许操作人员进行系统的安全管理。如：编辑安全功能相关的文件。进入安全模式需要操作者输入正确的口令，DX200 系统出厂时设定的进入安全模式初始口令为"5555555555555555"。

一次性管理模式：该模式允许操作人员进行比管理模式更高等级的维护作业，如载入批量数据（CMOS. BIN）、参数性批量数据（ALL. PRM）、功能定义参数（FD. PRM）。

另外，在编辑模式、管理模式、安全模式下进行操作时需要输入密码。编辑模式、管理模式的密码由 4 个以上、16 个以下的数字和符号组成。安全模式的密码由 9 个以上、16 个以下的数字和符号组成。

安全模式的选择与示教器的显示和编辑功能密切相关，表 2 - 1 - 2 所示为示教器基本操作和安全模式的对应情况。

表 2 - 1 - 2 示教器基本操作和安全模式的对应情况

主菜单	子菜单	安全模式	
		显示	编辑
程序内容	程序选择、循环	操作模式	操作模式
	程序容量、作业预约状态	操作模式	—
	程序内容、主程序、预约启动程序	操作模式	编辑模式
	建立新程序	编辑模式	编辑模式
变量	字节型、数字型、双整数（双精度）型、实数型	操作模式	编辑模式
	位置型（机器人、基座、工装轴）	操作模式	编辑模式
	局部变量	操作模式	—
输入/输出	外部输入/输出、专用输入/输出、辅助继电器、控制输入、网络输入/输出、模拟量输出、伺服电源状态	操作模式	—
	通用输入/输出	操作模式	编辑模式
	模拟量输入信号	操作模式	管理模式
	梯形图程序、I/O 报警、I/O 信息	管理模式	管理模式

主菜单		子菜单	安全模式	
			显示	编辑
机器人		当前位置、命令位置、电源通/断（焊接）位置、偏移量	操作模式	—
		作业原点、第 2 原点	操作模式	编辑模式
		碰撞检测等级	操作模式	管理模式
		工具、用户坐标、机器人校准、超程和碰撞传感器	编辑模式	编辑模式
		超程解除	编辑模式	管理模式
		伺服监视、机种	管理模式	—
		落下量、干涉区、原点位置、模拟量监视、控制设定	管理模式	管理模式
系统信息		版本	操作模式	—
		安全	操作模式	操作模式
		管理时间、报警信息、I/O 信息	操作模式	管理模式
外部存储		保存、安装、教研、删除、系统恢复	操作模式	—
		装置	操作模式	操作模式
		文件夹	编辑模式	管理模式
设置		示教条件设定、预约程序名、用户口令	编辑模式	编辑模式
		数据不匹配日志	操作模式	管理模式
		操作条件、日期/时间、设置轴组、再现速度登录、轴操作键分配、预约启动连接、自动升级设定	管理模式	管理模式
显示设置		字体、按钮、初始化、窗口格式	操作模式	操作模式
参数		所有参数	管理模式	管理模式
执行器控制	弧焊	电弧监视	操作模式	—
		引弧/熄弧条件、焊接辅助条件、焊机特性、诊断、摆弧	操作模式	编辑模式
	点焊	焊接诊断、间隙设定	操作模式	编辑模式
		电动机更换管理	操作模式	管理模式
		焊钳压力、空打压力	编辑模式	编辑模式
		I/O 信号分配、焊钳特性、焊机特性	管理模式	管理模式
	通用/搬运	I/O 变量定义	操作模式	操作模式
		摆焊、用途诊断	操作模式	编辑模式

任务实施

安全模式的设定方法

DX200 系统的安全模式可限制操作者的权限，避免误操作引起的故障，系统开机后应首先予以设定。安全模式的设定可在主菜单"系统信息"下进行，其操作步骤如下：

（1）选择主菜单"系统信息"，示教器显示图 2−1−5 所示的系统信息子菜单显示页面。

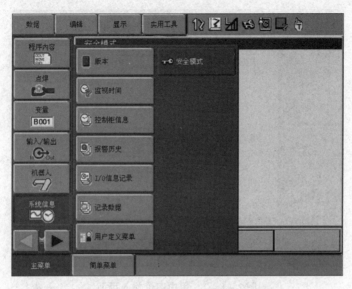

图 2 - 1 - 5 系统信息子菜单显示页面

（2）用光标移动键选定"安全模式"子菜单，示教器将显示安全模式设定对话框，将光标定位于安全模式输入框。

（3）按操作面板上的"选择"键，输入框将出现图 2 - 1 - 6 所示的安全模式选择栏，此时，可根据需要，调节光标，选择安全模式。

图 2 - 1 - 6 安全模式选择栏

（4）当操作者需要选择编辑模式或管理模式时，示教器将显示图 2 - 1 - 7 所示的用户口令输入页面。

（5）根据所需的安全模式，通过操作面板输入用户口令，并用"回车"键确认。DX200 出厂时，编辑模式的初始口令为"0000000000000000"。管理模式的初始口令为

图 2 - 1 - 7 用户口令输入页面

"9999999999999999"。当输入的口令和所选择的安全模式一致时，系统将进入所选的安全模式。

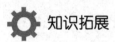 知识拓展

如何更改安全模式中的用户口令

为了保护系统的程序和参数，防止误操作引起的故障，调试、维修人员在完成系统调试或维修后，一般需要对系统出厂时的安全模式用户口令进行更改。安全模式的用户口令设定可在主菜单"设置"下进行，其操作步骤如下：

（1）利用主菜单"▶"扩展键，显示扩展主菜单"设置"并选定，示教器显示图 2 - 1 - 8 所示的设置子菜单。

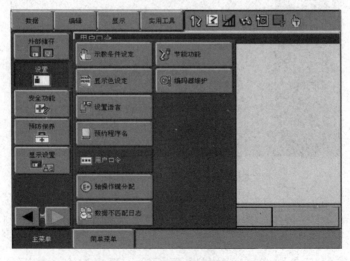

图 2 - 1 - 8 设置子菜单显示页面

（2）用光标选定子菜单"用户口令"，示教器将显示图2-1-9所示的用户口令设置页面。

图2-1-9　用户口令设置页面

（3）用光标选定需要修改口令的安全模式，信息显示框将显示"输入当前口令"。

（4）输入安全模式原来的口令，并按操作面板的"回车"键。如果原口令输入准确，示教器将显示图2-1-10所示的新口令设置页面，信息显示框将显示"输入当前口令"。

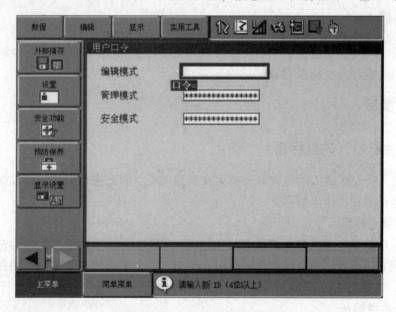

图2-1-10　用户新口令设置页面

项目二 工业机器人手动操作

项目目标

➢ 了解工业机器人各种坐标系；
➢ 熟悉工业机器人点动坐标系的设定；
➢ 掌握工业机器人工具坐标系及用户坐标系的设定方法；
➢ 掌握工业机器人手动示教操作能力。

任务列表

学习任务	知识点	能力要求
任务1 设定工业机器人坐标系	工业机器人不同坐标系下的工作特点、设定方法	了解不同坐标系的选择；掌握工业机器人各种坐标系的工作特点及设定方法
任务2 工业机器人手动示教	工业机器人手动操作方式	掌握工业机器人手动示教操作能力

任务1 设定工业机器人坐标系

任务导入

以沈阳工学院智能制造实训中心轮毂自动加工单元中的 FANUC 机器人为例，结合前述项目，完成工业机器人坐标系的设定。

知识链接

一、工业机器人的坐标系

坐标系是为确定机器人的位置和姿势而在机器人或空间上进行定义的位置指标系统。坐标系有关节坐标系和直角坐标系。

（一）关节坐标系

关节坐标系是设定在机器人关节中的坐标系。关节坐标系中的机器人的位置和姿势，以各关节底座侧的关节坐标系为基准而被确定。图 2-2-1 所示的关节坐标系的关节值，处在所有轴都为 0° 的状态。

（二）直角坐标系

直角坐标系中的机器人的位置和姿势，通过从空间上的直角坐标系原点到工具侧的直角坐标系原点（工具中心点）的坐标值 X、Y、Z 和空间上的直角坐标系的相对 X 轴、Y 轴、Z

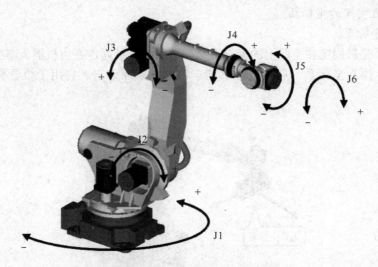

图 2 - 2 - 1　关节坐标系的关节值

轴周围工具侧的直角坐标系的回转角 W、P、R 来确定。（W，P，R）的含义如图 2 - 2 - 2 所示。

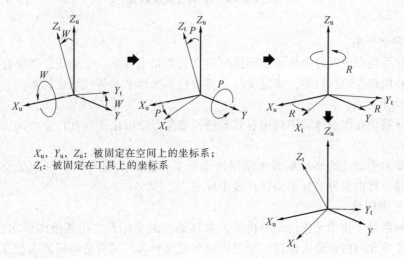

X_u，Y_u，Z_u：被固定在空间上的坐标系；
Z_t：被固定在工具上的坐标系

图 2 - 2 - 2　　（W，P，R）的含义

在用户所设定的环境下操作机器人时，需要使用与其对应的直角坐标系，即被固定在工具上的坐标系和被固定在空间的坐标系提供如下所示的 7 类坐标系。

1. 被固定在工具上的坐标系

（1）机械接口坐标系

在机器人的机械接口（手腕法兰盘面）中定义的标准直角坐标系中，坐标系被固定在机器人所事先确定的位置。工具坐标系基于该坐标系而设定。

（2）工具坐标系

这是用来定义工具中心点的位置和工具姿势的坐标系。工具坐标系必须事先进行设定。未定义时，将由机械接口坐标系替代工具坐标系。

2. 被固定在空间的坐标系

（1）世界坐标系。

世界坐标系是被固定在空间上的标准直角坐标系，其被固定在由机器人事先确定的位置（图2-2-3）。用户坐标系、点动坐标系基于该坐标系而设定。它用于位置数据的示教和执行。

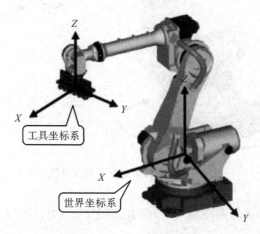

图 2-2-3　世界/工具坐标系

（2）用户坐标系。

用户坐标系是用户对每个作业空间进行定义的直角坐标系。它用于位置寄存器的示教和执行、位置补偿指令的执行等。未定义时，将由世界坐标系来替代该坐标系。

（3）点动坐标系。

点动坐标系是在作业区域中较为有效地进行直角点动而由用户在作业空间进行定义的直角坐标系。

只有在作为手动进给坐标系时才使用该坐标系，因此点动坐标系的原点没有特殊的含义。未定义时，将由世界坐标系来替代该坐标系。

（4）单元坐标系。

单元坐标系是工作单元内的所有机器人共享原点的坐标系，在四维图形功能等中使用，用来表示工作单元内的机器人位置。通过设定单元坐标系，可以表达机器人相互之间的位置关系。

单元坐标系的定义，通过相对单元坐标系的世界坐标系原点的位置（X、Y、Z）和绕 X 轴、Y 轴、Z 轴的回转角（W，P，R）来定义，对工作单元内的各机器人组进行设定。

（5）单元底板。

单元底板是在四维图形功能中，用来表达机器人所设置地板的坐标系。单元底板用来设定单元坐标系上地板的位置姿势，在标准情况下自动设定考虑机器人型号的值。

单元底板可通过坐标系设定画面进行设定。

二、坐标系的设定

（一）设定工具坐标系

工具坐标系是表示工具中心点和工具姿势的直角坐标系。工具坐标系通常以 TCP 为原点，将工具方向取为 Z 轴。未定义工具坐标系时，将由机械接口坐标系来替代该坐标系。

工具坐标系，由工具中心点的位置（X，Y，Z）和工具的姿势（W，P，R）构成。工具中心点的位置，通过相对机械接口坐标系的工具中心点的坐标值（X，Y，Z）来定义。工具的姿势，通过机械接口坐标系的 X 轴、Y 轴、Z 轴周围的回转角（W，P，R）来定义。工具中心点用来对位置数据的位置进行示教。

在进行工具的姿势控制时，需要用上工具姿势（图2-2-4）。

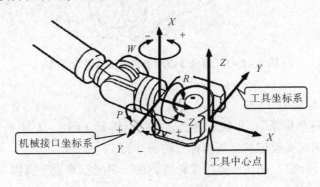

图2-2-4　工具坐标系

工具坐标系，在坐标系设定画面上进行定义，或者通过改写如下系统变量来定义。可定义 10 个工具坐标系，并可根据情况进行切换。

（1）在 $MNUTOOL［group，i］$（坐标号码 $i = 1 \sim 10$）中设定值。

（2）在 $MNUTOOLNUM［group］$ 中，设定将要使用的工具坐标号码。

可通过以下方法增加工具坐标系编号，最多增加到 29 个：

（1）按下"PREV"和"NEXT"键，接通电源。接着选择"3. Controlled start"。

（2）按下"MENU"（菜单）键。

（3）选择"4 系统变量"。

（4）将系统变量 $SCR. $MAXNUMUTOOL 的值改写为希望增大的值（最多 29 个）。

（5）执行冷启动。

可用以下 4 种方法来设定工具坐标系。

1. 3 点示教法（TCP 自动设定）

设定工具中心点（工具坐标系的 X，Y，Z）。进行示教，使参考点 1，2，3 以不同的姿势指向 1 点。由此，自动计算 TCP 的位置。应尽量使三个趋近方向各不相同，从而正确设定工具中心点。

3 点示教法只可以设定工具中心点（X，Y，Z）。工具姿势（W，P，R）中输入标准值（0，0，0）。在设定完位置后，以 6 点示教法或直接示教法来定义工具姿势（图2-2-5）。

操作步骤如下：

（1）按下"MENU"（菜单）键，显示出画面菜单。

（2）选择"6 设置"。

（3）按下 F1"类型"，显示出画面切换菜单。

（4）选择"坐标系"。

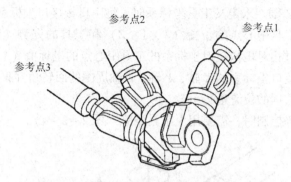

参考点2　　　　　　　　参考点1

参考点3

图2-2-5　通过3点示教法来自动设定TCP

（5）按下F3"坐标"。

（6）选择"工具坐标系"。出现工具坐标系一览画面（图2-2-6）。

（7）将光标指向将要设定的工具坐标号码所在行。

（8）按下F2"详细"。出现所选的坐标号码的工具坐标系设定画面（图2-2-7）。

（9）按下F2"方法"。

（10）选择"3点记录"。

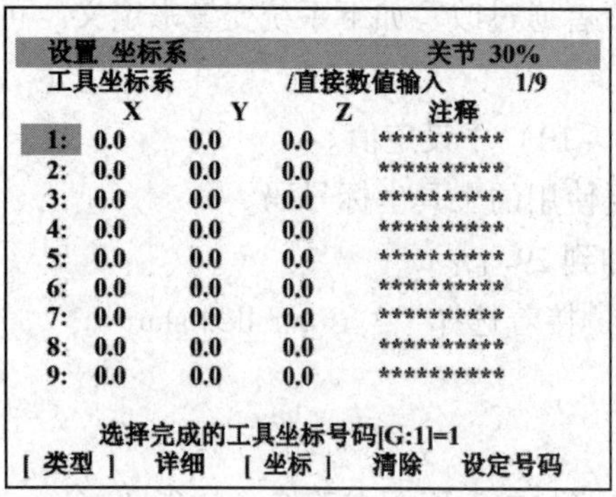

```
设置 坐标系              关节 30%
工具坐标系        /直接数值输入    1/9
       X      Y      Z      注释
1:    0.0    0.0    0.0    **********
2:    0.0    0.0    0.0    **********
3:    0.0    0.0    0.0    **********
4:    0.0    0.0    0.0    **********
5:    0.0    0.0    0.0    **********
6:    0.0    0.0    0.0    **********
7:    0.0    0.0    0.0    **********
8:    0.0    0.0    0.0    **********
9:    0.0    0.0    0.0    **********

   选择完成的工具坐标号码[G:1]=1
[ 类型 |  详细  |  坐标 ] 清除  设定号码
```

图2-2-6　工具坐标系一览画面

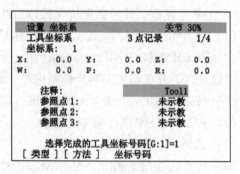

```
设置 坐标系                  关节 30%
工具坐标系          3 点记录      1/4
坐标系:   1
X:     0.0   Y:    0.0   Z:    0.0
W:     0.0   P:    0.0   R:    0.0

注释:                        Tool1
参照点 1:                    未示教
参照点 2:                    未示教
参照点 3:                    未示教

   选择完成的工具坐标号码[G:1]=1
[ 类型 ] [ 方法 ]  坐标号码
```

图2-2-7　工具坐标系设定画面（3点示教法）

（11）输入注释。

①将光标移动到注释行，按下"ENTER"（输入）键。

②选择使用单词、英文字母。

③按下适当的功能键，输入注释。

④注释输入完后，按"下ENTER"键。

（12）记录各参照点。

①将光标移动到各参照点。

②在点动方式下将机器人移动到应进行记录的点。

③在按住"SHIFT"键的同时，按下F5"位置记录"，将当前值的数据作为参照点输入。所示教的参照点，显示"记录完成"（图2-2-8）。

④对所有参照点都进行示教后，显示"设定完成"。工具坐标系即被设定（图2-2-9）。

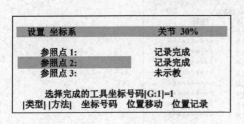

图 2 - 2 - 8 显示 "记录完成"

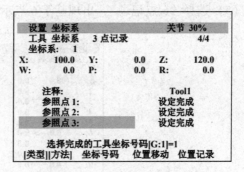

图 2 - 2 - 9 显示 "设定完成"

（13）在按住 "SHIFT" 键的同时按下 F4 "位置移动"，即可使机器人移动到所存储的点。

（14）要确认已记录的各点的位置数据，则将光标指向各参照点，按下 "ENTER" 键，出现各点的位置数据的位置详细画面。要返回原先的画面，则按下 "PREV"（返回）键。

（15）按下 "PREV" 键，显示工具坐标系一览画面，我们可以通过此画面确认所有工具坐标系的设定值（X、Y、Z 及注释）（图 2 - 2 - 10）。

（16）要将所设定的工具坐标系作为当前有效的工具坐标系来使用，则按下 F5 "设定号码"，并输入坐标号码。

（17）要擦除所设定的坐标系的数据，则按下 F4 "清除"。

2. 6 点示教法

首先，设定工具中心点，方法与 3 点示教法一样；然后，设定工具姿势（W，P，R）。6 点示教法包括 6 点（XY）示教法和 6 点（XZ）示教法。6 点（XZ）示教法使 W，P，R 分别成为空间的任意 1 点、与工具坐标系平行的 X 轴方向的 1 点、XZ 平面上的 1 点。此时，通过笛卡儿点动或工具点动进行示教，以使工具的倾斜保持不变（图 2 - 2 - 11）。

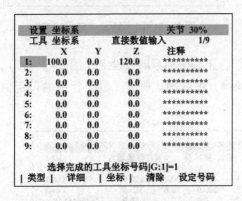

图 2 - 2 - 10 工具坐标系一览画面

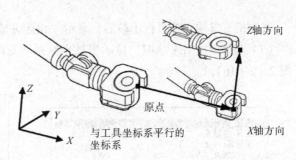

图 2 - 2 - 11 6 点（XZ）示教法

操作步骤如下：

（1）显示工具坐标系一览画面（见 3 点示教法）。

（2）将光标指向将要设定的工具坐标号码所在行。

（3）按下 F2 "详细"，出现所选的坐标号码的工具坐标系设定画面。

（4）按下 F2 "方法"。

（5）选择"6 点记录"，出现基于 6 点示教法的工具坐标系设定画面（图 2 - 2 - 12）。

```
┌─────────────────────────────────────────┐
│ 设置 坐标系              关节 30%          │
│  工具 坐标系       直接数值输入     2/9    │
│        X      Y        Z      注释        │
│ 1:  100.0   0.0     120.0   *********     │
│ 2:   0.0    0.0      0.0    *********     │
│ 3:   0.0    0.0      0.0    *********     │
│ 4:   0.0    0.0      0.0    *********     │
│ 5:   0.0    0.0      0.0    *********     │
│ 6:   0.0    0.0      0.0    *********     │
│ 7:   0.0    0.0      0.0    *********     │
│ 8:   0.0    0.0      0.0    *********     │
│ 9:   0.0    0.0      0.0    *********     │
│                                           │
│      选择完成的工具坐标号码[G:1]=1         │
│ [ 类型 ]  详细   [ 坐标 ]  清除  设定号码  │
└─────────────────────────────────────────┘
```

图 2 - 2 - 12　工具坐标系设定画面

（6）输入注释和坐标值。详情请参阅设定工具坐标系（3 点示教法）（图 2 - 2 - 13）。

①在按住"SHIFT"键的同时，按下 F5"位置记录"，将当前值的数据作为参照点输入。所示教的参照点，显示"记录完成"（图 2 - 2 - 14）。

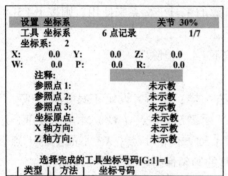

```
┌────────────────────────────────┐
│ 设置 坐标系          关节 30%    │
│  工具 坐标系    6 点记录   1/7   │
│  坐标系:  2                      │
│ X:   0.0   Y:   0.0   Z:   0.0  │
│ W:   0.0   P:   0.0   R:   0.0  │
│    注释:                         │
│    参照点 1:          未示教     │
│    参照点 2:          未示教     │
│    参照点 3:          未示教     │
│    坐标原点:          未示教     │
│    X 轴方向:          未示教     │
│    Z 轴方向:          未示教     │
│                                  │
│   选择完成的工具坐标号码[G:1]=1  │
│ [ 类型 ][ 方法 ]  坐标号码       │
└────────────────────────────────┘
```

```
┌────────────────────────────────┐
│ 设置 坐标系          关节 30%    │
│                                  │
│    参照点 1:          记录完成   │
│    参照点 2:          记录完成   │
│    参照点 3:          记录完成   │
│    坐标原点:          记录完成   │
│    X 轴方向:          未示教     │
│    Z 轴方向:          未示教     │
│                                  │
│[类型] [方法]  坐标号码  位置移动  位置记录 │
└────────────────────────────────┘
```

图 2 - 2 - 13　工具坐标系设定画面［6 点（XZ）示教法］　　　图 2 - 2 - 14　显示"记录完成"

②对所有参照点都进行示教后，显示"设定完成"，工具坐标系即被设定（图 2 - 2 - 15）。

（7）按下"PREV"键，显示工具坐标系一览画面，可以确认所有工具坐标系的设定值（图 2 - 2 - 16）。

```
┌────────────────────────────────┐
│ 设置 坐标系          关节 30%    │
│  工具 坐标系    6 点记录   1/7   │
│  坐标系:  2                      │
│ X:  200.0  Y:   0.0   Z:  255.5 │
│ W:  -90.0  P:   0.0   R:  180.0 │
│    注释:                         │
│                      Tool2       │
│    参照点 1:          设定完成   │
│    参照点 2:          设定完成   │
│    参照点 3:          设定完成   │
│    坐标原点:          设定完成   │
│    X 轴方向:          设定完成   │
│    Z 轴方向:          设定完成   │
│                                  │
│ [ 类型 ][ 方法 ]  坐标号码       │
└────────────────────────────────┘
```

```
┌─────────────────────────────────────────┐
│ 设置 坐标系              关节 30%          │
│  工具 坐标系      /直接数值输入    3/9     │
│        X      Y        Z      注释        │
│ 1:  100.0   30.0    120.0    Tool1        │
│ 2:  200.0   0.0     255.5    Tool2        │
│ 3:   0.0    0.0      0.0    *********     │
│ 4:   0.0    0.0      0.0    *********     │
│ 5:   0.0    0.0      0.0    *********     │
│ 6:   0.0    0.0      0.0    *********     │
│ 7:   0.0    0.0      0.0    *********     │
│ 8:   0.0    0.0      0.0    *********     │
│ 9:   0.0    0.0      0.0    *********     │
│                                           │
│      选择完成的工具坐标号码[G:1]=1         │
│ [ 类型 ]  详细   [ 坐标 ]  清除  设定号码  │
└─────────────────────────────────────────┘
```

图 2 - 2 - 15　显示"设定完成"　　　　　　图 2 - 2 - 16　工具坐标系一览画面

（8）要将所设定的工具坐标系作为当前有效的工具坐标系来使用，则按下 F5 "设定号码"，并输入坐标号码。

（9）要擦除所设定坐标系的数据，则按下 F4 "清除"。

3. 直接示教法

直接输入 TCP 的位置，即 X，Y，Z 的值和机械接口坐标系的 X 轴、Y 轴、Z 轴周围的工具坐标系的回转角，即 W，P，R 的值（图 2-2-17）。

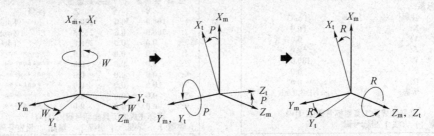

图 2-2-17　直接示教法中的 (W, P, R) 的含义

(a) X_m，Y_m，Z_m 机械接口坐标系；(b) X_t，Y_t，Z_t 工具坐标系

操作步骤如下：

（1）显示工具坐标系一览画面（见 3 点示教法）。

（2）将光标指向工具坐标号码。

（3）按下 F2 "详细"，或者按下 "ENTER" 键，出现所选工具坐标号码的工具坐标系设定画面（图 2-2-18）。

（4）按下 F2 "方法"。

（5）选择 "直接数值输入"，出现基于直接示教法的工具坐标系设定画面（图 2-2-19）。

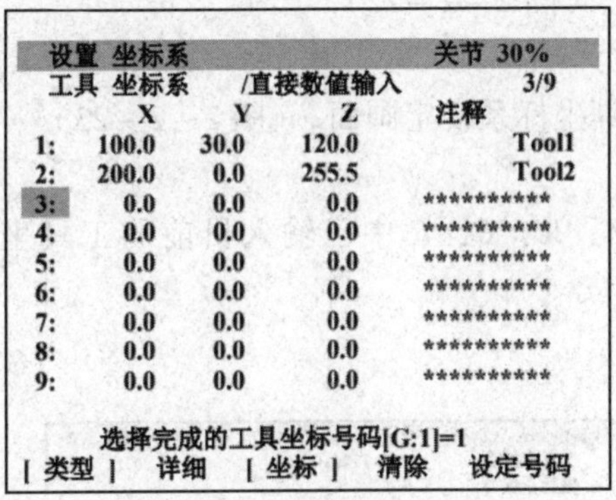

设置 坐标系			关节 30%
工具 坐标系		/直接数值输入	3/9
X	Y	Z	注释
1: 100.0	30.0	120.0	Tool1
2: 200.0	0.0	255.5	Tool2
3: 0.0	0.0	0.0	************
4: 0.0	0.0	0.0	************
5: 0.0	0.0	0.0	************
6: 0.0	0.0	0.0	************
7: 0.0	0.0	0.0	************
8: 0.0	0.0	0.0	************
9: 0.0	0.0	0.0	************
选择完成的工具坐标号码[G:1]=1			
[类型] 　 详细 　 [坐标] 　 清除 　 设定号码			

图 2-2-18　工具坐标系设定画面

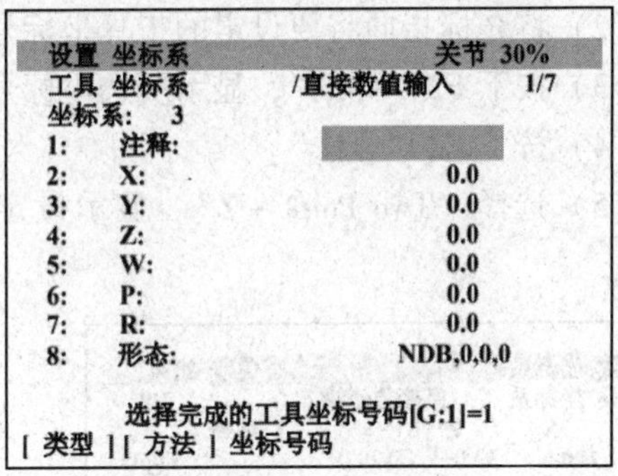

设置 坐标系		关节 30%
工具 坐标系	/直接数值输入	1/7
坐标系: 3		
1: 注释:		
2: X:		0.0
3: Y:		0.0
4: Z:		0.0
5: W:		0.0
6: P:		0.0
7: R:		0.0
8: 形态:		NDB,0,0,0
选择完成的工具坐标号码[G:1]=1		
[类型] [方法] 　 坐标号码		

图 2-2-19　工具坐标系设定画面（直接示教法）

（6）输入注释。详情请参阅工具坐标系（3 点示教法）。

（7）输入工具坐标系的坐标值（图 2-2-20）。

①将光标移动到各条目。

②通过数值键设定新的数值。

③按下 "ENTER" 键，输入新的数值。

（8）按下"PREV"键，显示工具坐标系一览画面，可以确认所有工具坐标系的设定值。

（9）要将所设定的工具坐标系作为当前有效的工具坐标系来使用，则按下 F5"设定号码"，并输入坐标号码（图 2 - 2 - 21）。

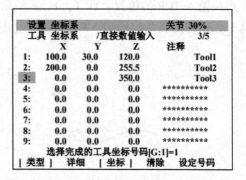

图 2 - 2 - 20　输入工具坐标系的坐标值　　　　图 2 - 2 - 21　输入坐标号码

（10）要擦除所设定坐标系的数据，则按下 F4"清除"。

4. 2 点 + Z 值示教法

2 点 + Z 值示教法可以在 7DC1 系列 04 版或者更新版上使用。可以设定无法相对于世界坐标系的 XY 平面使工具倾斜的机器人（主要是 4 轴机器人）的工具中心点。对于某个已被固定的点，在不同的姿势下以指向该点的方式示教接近点 1，2。由该两个接近点计算并设定工具坐标系的 X 和 Y。工具坐标系的 Z 值，通过规尺等计测并直接输入；同时，直接输入工具姿势（W、P、R）的值（法兰盘面的朝向与工具姿势相同时，请全都设定为 0）。

操作步骤如下：

（1）显示工具坐标系一览画面（见 3 点示教法）（图 2 - 2 - 22）。

（2）将光标指向将要设定的工具坐标号码所在行。

（3）按下 F2"详细"，显示所选坐标号码的工具坐标系设定画面。（图 2 - 2 - 23）

（4）按下 F2"方法"。

（5）选择"Two Point + Z"。显示设定画面，Z，W，P，R 中已输入目前的工具坐标系值。

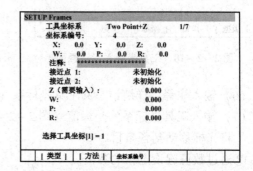

图 2 - 2 - 22　工具坐标系一览画面　　　图 2 - 2 - 23　工具坐标系设定画面（Two Point + Z 示教法）

（6）输入接近点（图2-2-24）。

①将光标移动到各接近点。

②在点动方式下将机器人移动到相应记录点。

③在按住"SHIFT"键的同时，按下F5"记录"，将当前值的数据作为接近点输入。已示教的接近点显示"已记录"。

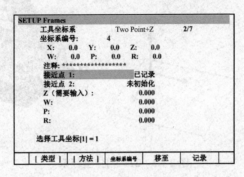

图2-2-24　输入接近点

（7）示教所有的接近点时，显示"已使用"，设定工具坐标系的X、Y（图2-2-25）。

（8）有关Z，请输入通过规尺等计测而得的数值。有关W，P，R，请直接输入。

（9）按下"PREV"键，显示工具坐标系一览画面，可以确认所有工具坐标系的设定值（图2-2-26）。

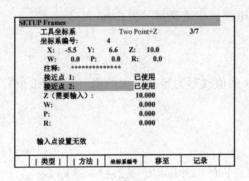

图2-2-25　显示"已使用"

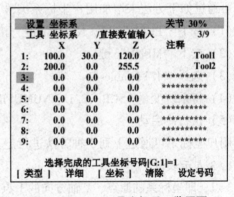

图2-2-26　工具坐标系一览画面

（10）要将已设定的工具坐标系作为当前有效的工具坐标系来使用，则按下F5"切换"，并输入坐标系编号。

（11）要擦除所设定坐标系的数据，则按下F4"清除"。

（二）设定用户坐标系

用户坐标系是用户对每个作业空间进行定义的直角坐标系。用户坐标系在尚未设定时，将被世界坐标系所替代。用户坐标系通过世界坐标系的坐标系原点的位置（X，Y，Z）和X轴、Y轴、Z轴周围的回转角（W，P，R）来定义。

用户坐标系在设定和执行位置寄存器以及执行位置补偿指令时使用。此外，还可通过用户坐标系输入选项，根据用户坐标对程序中的位置进行示教（图2-2-27）。

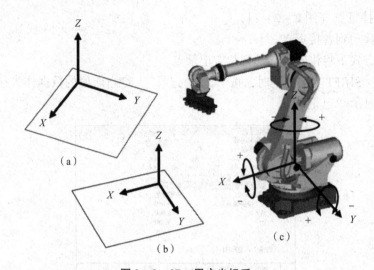

图 2 - 2 - 27　用户坐标系

（a）用户坐标系2；（b）用户坐标系1；（c）世界坐标系

通过坐标系设定画面定义用户坐标系时，下列系统变量将被改写。可定义9个用户坐标系，并可根据情况进行切换。

（1）在 \$MNUFRAME ［group1，i］（坐标号码 $i=1\sim9$）中设定值。

（2）在 \$MNUFRAMENUM ［group1］中，设定将要使用的用户坐标号码。

可通过如下方法来增加用户坐标系编号，最多增加到61个。

（1）按下"PREV"和"NEXT"键，接通电源。接着选择"3. Controlled start"。

（2）按下"MENU"键。

（3）选择"4. Variables"。

（4）将系统变量 \$SCR. \$MAXNUMUFRAM 的值改写为希望增大的值（最多61个）。

（5）执行冷启动。

用户坐标系可通过下列3种方法进行定义。

1. 3 点示教法

3点，即坐标系的原点、X 轴方向的1点、XY 平面上的1点（图2-2-28）。

操作步骤如下：

（1）按下"MENU"键，显示出画面菜单。

（2）选择"6 设置"。

（3）按下 F1 "类型"，显示出画面切换菜单。

（4）选择"坐标系"。

（5）按下 F3 "坐标"。

（6）选择"用户坐标系"，出现用户坐标系一览画面（图2-2-29）。

（7）将光标指向将要设定的用户坐标号码所在行。

（8）按下 F2 "详细"，出现所选坐标号码的用户坐标系设定画面（图2-2-30）。

（9）按下 F2 "方法"。

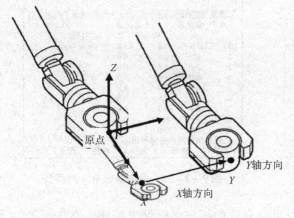

图 2-2-28 3 点示教法

设置 坐标系				关节 30%
用户 坐标系		/直接数值输入		1/9
	X	Y	Z	注释
1:	0.0	0.0	0.0	***********
2:	0.0	0.0	0.0	***********
3:	0.0	0.0	0.0	***********
4:	0.0	0.0	0.0	***********
5:	0.0	0.0	0.0	***********
6:	0.0	0.0	0.0	***********
7:	0.0	0.0	0.0	***********
8:	0.0	0.0	0.0	***********
9:	0.0	0.0	0.0	***********
选择完成的用户坐标号码[G:1]=1				
[类型	详细	坐标	清除	设定 >

图 2-2-29 用户坐标系一览画面

（10）选择"3 点记录"。

（11）输入注释。

①将光标移动到注释行，按下"ENTER"键。

②选择使用单词、英文字母中的哪一个来输入注释。

③按下适当的功能键，输入注释。

④注释输入完后，按下"ENTER"键。

（12）记录各参考点。

①将光标移动到各参考点。

②在点动方式下将机器人移动到应进行记录的点。

③在按住"SHIFT"键的同时，按下 F5"位置记录"，将当前值的数据作为参考点输入。所示教的参考点，显示"记录完成"（图 2-2-31）。

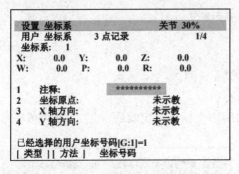

图 2-2-30 用户坐标系设定画面（3 点示教法）

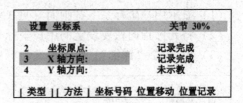

图 2-2-31 显示"记录完成"

④对所有参考点都进行示教后，显示"设定完成"，用户坐标系即被设定（图 2-2-32）。

（13）在按住"SHIFT"键的同时按下 F4"位置移动"，即可使机器人移动到所存储的点。

（14）要确认已记录各点的位置数据，则将光标指向各参考点，按下"ENTER"键，出现各点位置数据的详细画面。按下"PREV"键返回原先的画面。

（15）按下"PREV"键，显示用户坐标系一览画面，可以确认所有用户坐标系的设定值（图 2-2-33）。

设置 坐标系		关节 30%
用户 坐标系	3 点记录	4/4
坐标系: 1		
X: 1243.6	Y: 0.0	Z: 10.0
W: 0.123	P: 2.34	R: 3.2
注释:	Basic frame	
坐标原点:	设定完成	
X 轴方向:	设定完成	
Y 轴方向:	设定完成	
已经选择的用户坐标号码[G:1]=1		
[类型][方法] 坐标号码 位置移动 位置记录		

图 2 – 2 – 32 显示"设定完成"

设置 坐标系				关节 30%
用户 坐标系		3 点记录		1/9
	X	Y	Z	注释
1:	1243.6	0.0	43.8	Basic frame
2:	0.0	0.0	0.0	
3:	0.0	0.0	0.0	
4:	0.0	0.0	0.0	
5:	0.0	0.0	0.0	
6:	0.0	0.0	0.0	
7:	0.0	0.0	0.0	
8:	0.0	0.0	0.0	
9:	0.0	0.0	0.0	
已经选择的用户坐标号码[G:1]=1				
[类型] 详细 [坐标] 清除 设定 >				

图 2 – 2 – 33 用户坐标系一览画面

（16）要将所设定的用户坐标系作为当前有效的用户坐标系来使用，则按下 F5 "设定"，并输入坐标号码。

（17）要擦除所设定坐标系的数据，则按下 F4 "清除"。

2. 4 点示教法

4 点，即平行于坐标系的 X 轴始点、X 轴方向的 1 点、XY 平面上的 1 点、坐标系的原点（图 2 – 2 – 34）。

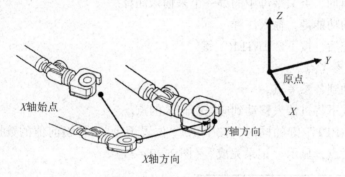

图 2 – 2 – 34 4 点示教法

操作步骤如下：

（1）显示用户坐标系一览画面（见 3 点示教法）（图 2 – 2 – 35）。

（2）将光标指向将要设定的用户坐标号码所在行。

（3）按下 F2 "详细"，出现所选坐标号码的用户坐标系设定画面（图 2 – 2 – 36）。

设置 坐标系				关节 30%
用户 坐标系		3 点记录		2/9
	X	Y	Z	注释
1:	1243.6	0.0	43.8	Basic frame
2:	0.0	0.0	0.0	
3:	0.0	0.0	0.0	
4:	0.0	0.0	0.0	
5:	0.0	0.0	0.0	
6:	0.0	0.0	0.0	
7:	0.0	0.0	0.0	
8:	0.0	0.0	0.0	
9:	0.0	0.0	0.0	
已经选择的用户坐标号码[G:1]=1				
[类型] 详细 [坐标] 清除 设定 >				

图 2 – 2 – 35 用户坐标系一览画面

设置 坐标系		关节 30%
用户 坐标系	4 点记录	1/5
坐标系: 2		
X: 0.0	Y: 0.0	Z: 0.0
W: 0.0	P: 0.0	R: 0.0
注释:	*********	
X 轴始点:	未示教	
X 轴方向:	未示教	
Y 轴方向:	未示教	
坐标原点:	未示教	
已经选择的用户坐标号码[G:1]=1		
[类型][方法] 坐标号码		

图 2 – 2 – 36 用户坐标系设定画面（4 点示教法）

（4）按下 F2 "方法"。

（5）选择 "4 点记录"，出现基于 4 点示教法的用户坐标系设定画面。

（6）输入注释和参考点。详情请参阅设定用户坐标系（3 点示教法）（图 2 - 2 - 37）。

（7）按下 "PREV" 键，显示用户坐标系一览画面，可以确认所有用户坐标系的设定值（图 2 - 2 - 38）。

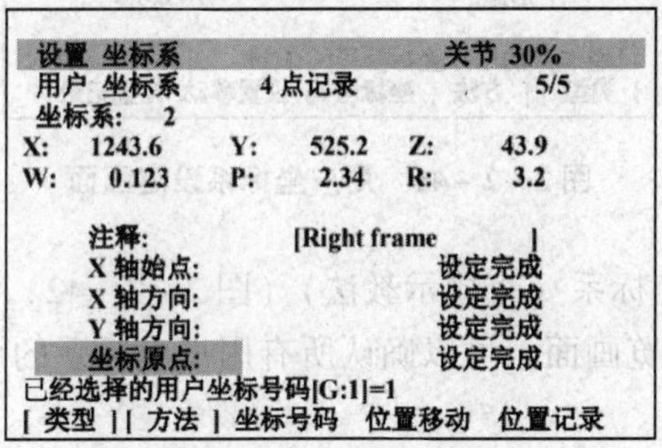

设置 坐标系			关节 30%
用户 坐标系	4 点记录		5/5
坐标系：	2		
X: 1243.6	Y: 525.2	Z: 43.9	
W: 0.123	P: 2.34	R: 3.2	
注释	[Right frame]		
X 轴始点		设定完成	
X 轴方向		设定完成	
Y 轴方向		设定完成	
坐标原点		设定完成	
已经选择的用户坐标号码[G:1]=1			
[类型] [方法] 坐标号码 位置移动 位置记录			

图 2 - 2 - 37　显示 "设定完成"

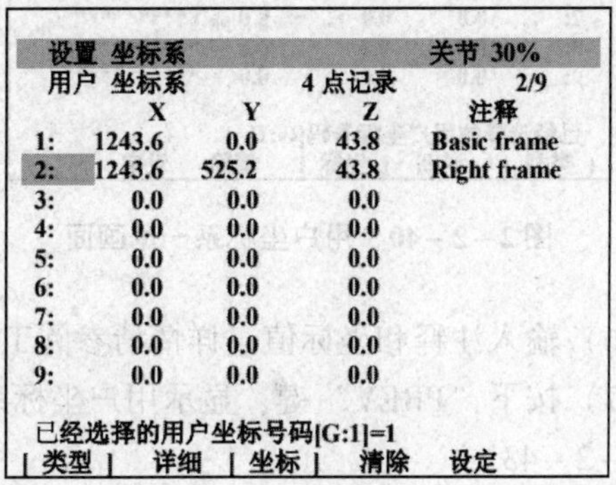

设置 坐标系			关节 30%
用户 坐标系		4 点记录	2/9
	X	Y	Z	注释
1:	1243.6	0.0	43.8	Basic frame
2:	1243.6	525.2	43.8	Right frame
3:	0.0	0.0	0.0	
4:	0.0	0.0	0.0	
5:	0.0	0.0	0.0	
6:	0.0	0.0	0.0	
7:	0.0	0.0	0.0	
8:	0.0	0.0	0.0	
9:	0.0	0.0	0.0	
已经选择的用户坐标号码[G:1]=1			
[类型] 详细 坐标 清除 设定			

图 2 - 2 - 38　用户坐标系一览画面

（8）要将所设定用户坐标系作为当前有效的用户坐标系来使用，则按下 F5 "设定"，并输入坐标号码。

（9）要擦除所设定坐标系的数据，则按下 F4 "清除"。

3. 直接示教法

直接输入相对世界坐标系的用户坐标系原点的位置 X，Y，Z 和世界坐标系的 X 轴、Y 轴、Z 轴周围的回转角 W、P、R 的值（图 2 - 2 - 39）。

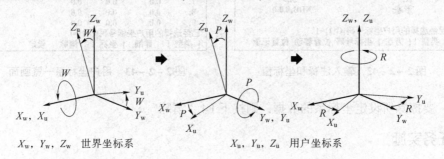

X_w，Y_w，Z_w　世界坐标系　　　　X_u，Y_u，Z_u　用户坐标系

图 2 - 2 - 39　直接示教法中的 (W, P, R) 的含义

操作步骤如下：

（1）显示用户坐标系一览画面（见 3 点示教法）（图 2 - 2 - 40）。

（2）将光标指向用户坐标号码。

（3）按下 F2 "详细"，或者按下 "ENTER" 键，出现所选用户坐标号码的用户坐标系设定画面。

（4）按下 F2 "方法"。

（5）选择 "直接数值输入"，出现基于直接示教法的用户坐标系设定画面（图 2 - 2 - 41）。

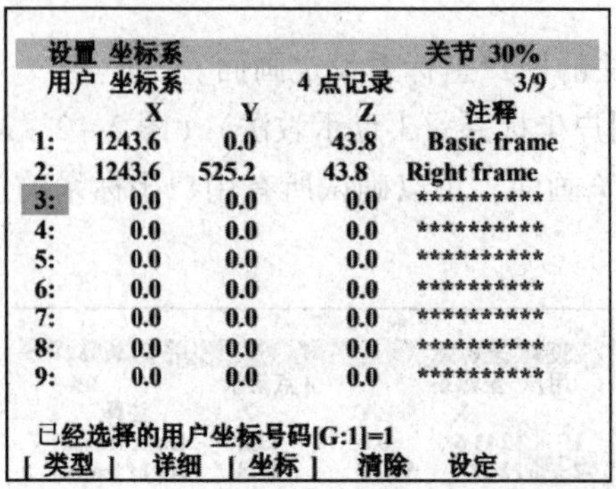

设置 坐标系			关节 30%	
用户 坐标系		4 点记录		3/9
	X	Y	Z	注释
1:	1243.6	0.0	43.8	Basic frame
2:	1243.6	525.2	43.8	Right frame
3:	0.0	0.0	0.0	**********
4:	0.0	0.0	0.0	**********
5:	0.0	0.0	0.0	**********
6:	0.0	0.0	0.0	**********
7:	0.0	0.0	0.0	**********
8:	0.0	0.0	0.0	**********
9:	0.0	0.0	0.0	**********

已经选择的用户坐标号码[G:1]=1
[类型] 详细 [坐标] 清除 设定

图 2-2-40 用户坐标系一览画面

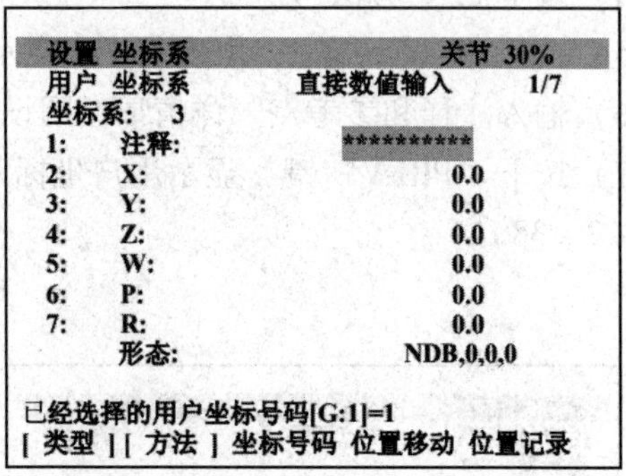

设置 坐标系		关节 30%
用户 坐标系	直接数值输入	1/7
坐标系: 3		
1:	注释:	**********
2:	X:	0.0
3:	Y:	0.0
4:	Z:	0.0
5:	W:	0.0
6:	P:	0.0
7:	R:	0.0
	形态:	NDB,0,0,0

已经选择的用户坐标号码[G:1]=1
[类型] [方法] 坐标号码 位置移动 位置记录

图 2-2-41 用户坐标系设定画面

（6）输入注释和坐标值。详情请参阅工具坐标系（直接示教法）（图 2-2-42）。

（7）按下"PREV"键，显示用户坐标系一览画面，可以确认所有用户坐标系的设定值（图 2-2-43）。

（8）要将所设定用户坐标系作为当前有效的用户坐标系来使用，则按下 F5"设定"，并输入坐标号码。

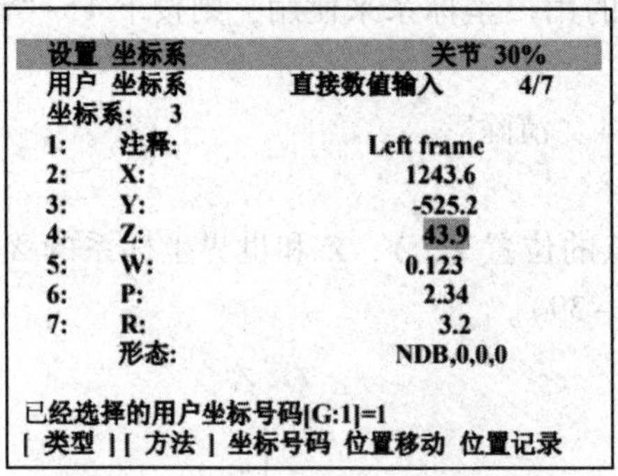

设置 坐标系		关节 30%
用户 坐标系	直接数值输入	4/7
坐标系: 3		
1:	注释:	Left frame
2:	X:	1243.6
3:	Y:	-525.2
4:	Z:	43.9
5:	W:	0.123
6:	P:	2.34
7:	R:	3.2
	形态:	NDB,0,0,0

已经选择的用户坐标号码[G:1]=1
[类型] [方法] 坐标号码 位置移动 位置记录

图 2-2-42 输入注释和坐标值

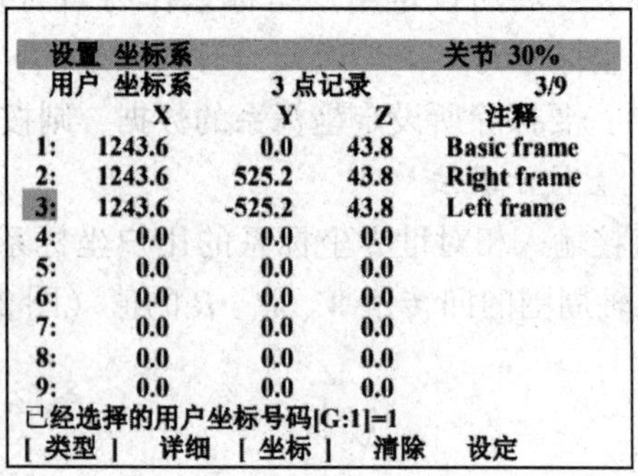

设置 坐标系			关节 30%	
用户 坐标系		3 点记录		3/9
	X	Y	Z	注释
1:	1243.6	0.0	43.8	Basic frame
2:	1243.6	525.2	43.8	Right frame
3:	1243.6	-525.2	43.8	Left frame
4:	0.0	0.0	0.0	
5:	0.0	0.0	0.0	
6:	0.0	0.0	0.0	
7:	0.0	0.0	0.0	
8:	0.0	0.0	0.0	
9:	0.0	0.0	0.0	

已经选择的用户坐标号码[G:1]=1
[类型] 详细 [坐标] 清除 设定

图 2-2-43 用户坐标系一览画面

（9）要擦除所设定坐标系的数据，则按下 F4"清除"。

任务实施

（1）请总结工业机器人的坐标系类别。

（2）请总结设定工具/工件坐标系的基本方法。

知识拓展

将用户坐标号码变为 0 号（世界坐标）的方法：

（1）显示用户坐标系一览画面（图 2-2-44）。

（2）按下"NEXT"键。

（3）按下 F2"清除号码"。

用户坐标号码被设定为 0（图 2-2-45）。

设置 坐标系			关节 30%	
用户 坐标系		4 点记录	3/9	
	X	Y	Z	注释
1:	1243.6	0.0	43.8	Basic frame
2:	1243.6	525.2	43.8	Right frame
3:	0.0	0.0	0.0	**********
4:	0.0	0.0	0.0	**********
5:	0.0	0.0	0.0	**********
6:	0.0	0.0	0.0	**********
7:	0.0	0.0	0.0	**********
8:	0.0	0.0	0.0	**********
9:	0.0	0.0	0.0	**********

已经选择的用户坐标号码[G:1]=1
[类型] 详细 | 坐标 | 清除　设定

图 2 - 2 - 44　用户坐标系一览画面

已经选择的用户坐标号码[G:1]=0
[类型]　清除号码

图 2 - 2 - 45　用户坐标号码被设定为 0

任务 2　工业机器人手动示教

任务导入

以沈阳工学院智能制造实训中心轮毂自动加工单元的 FANUC 机器人为例，进一步学习工业机器人不同坐标系的手动轴操作。

知识链接

点动是通过按下示教器上的按键来操作机器人的一种进给方式。在程序中对动作指令进行示教时，需要将机器人移动到目标位置。

确定点动进给的要素有以下两种：

（1）速度倍率——机器人运动的速度（JOG 的速度）。

（2）手动进给坐标系——机器人运动的坐标系（JOG 的种类）。

一、速度倍率

速度倍率是确定点动速度的要素。以相对点动进给机器人时的最大速度的百分比（%）来表示。当前的速度倍率，显示在示教器画面的右上角。通过按下倍率键可变更倍率值，如图 2 - 2 - 46 所示。

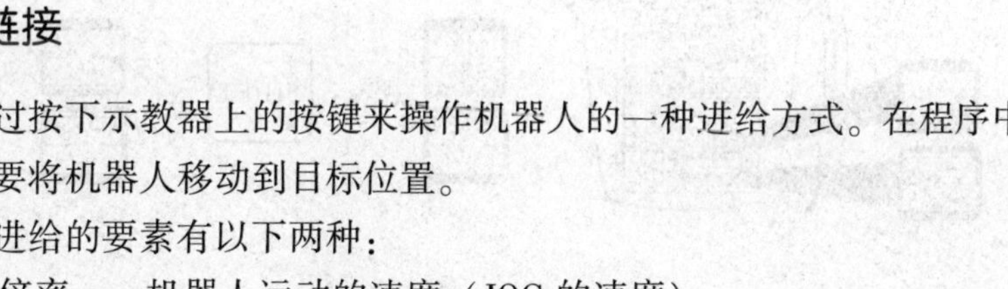

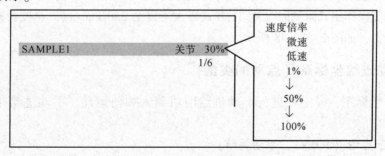

图 2 - 2 - 46　速度倍率的画面显示

速度倍率100%，表示机器人在该设定下可以运动的最大速度。对于低速的步进量，在直线点动进给的情况下，标准设定为每步0.1 mm；在关节点动进给的情况下，标准设定关节每步大约移动0.001°。微速的步宽为低速下所指定的十分之一。相对倍率键的速度倍率值的变化方式如表2-2-1所示。

表2-2-1　速度倍率值的变化方式

倍率键	微速→低速→1%→5%→50%→100%
	1%刻度　　5%刻度
SHIFT＋倍率键 *1	微速→低速→5%→50%→100%
注：*1　只有在系统变量$SHFTOV_ENB为1时才有效	

要改变速度倍率就要按下倍率键。按住"SHIFT"键的同时按下倍率键，速度就按照微速、低速、5%、50%、100%这5挡变化（只有在系统变量$SHFTOV_ENB =1时才有效），倍率键如图2-2-47所示。

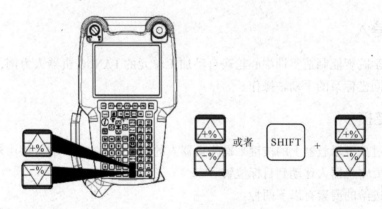

图2-2-47　倍率键

可根据加工单元的状态、机器人动作种类或者个人的熟练程度确定速度倍率。在习惯机器人操作之前，请以较低的速度倍率进行操作。

二、点动速度

点动速度，表示点动进给时机器人运动的速度。点动速度可通过如下变量求出。如果算出速度超过对应操作模式限制时（如TI方式最大速度为250 mm/s），速度会被钳制在对应模式最大限速上，如图2-2-48所示。

三、手动进给坐标系（点动的类型）

手动进给坐标系，确定在进行点动进给时机器人如何运动。手动进给坐标系有以下3类。

（一）关节点动（JOINT，手动关节）

关节点动使各自的轴沿着关节坐标系独立运动。

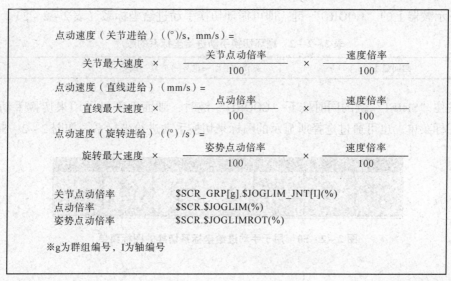

图 2 - 2 - 48　点动速度

（二）直角点动（XYZ，手动直角）

直角点动，使机器人的工具中心点沿着用户坐标系或者点动坐标系的 X，Y，Z 轴运动。此外，直角点动还使机器人的工具绕着世界坐标系旋转，或者绕着用户坐标系或点动坐标系的 X，Y，Z 轴旋转。

（三）工具点动（TOOL，手动工具）

工具点动，使机器人的工具中心点沿着机器人的手腕部分中所定义的工具坐标系的 X，Y，Z 轴运动。此外，工具点动还使机器人的工具围绕工具坐标系的 X，Y，Z 轴回转。

四、切换手动进给坐标系

当前所选的手动进给坐标系（点动的种类），显示在示教器的状态窗口。

此外，按下"COORD"（手动进给坐标系）键，在画面右上方显示反相显示的弹出菜单，以便引起用户注意。在触碰别的按键，或者没有进行任何操作时，几秒后该显示将自动消失（图 2 - 2 - 49）。

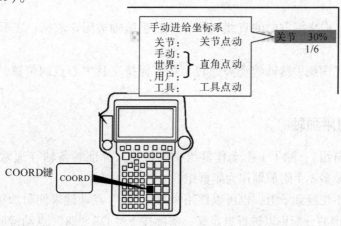

图 2 - 2 - 49　手动进给坐标系的显示

按下示教器上的"COORD"键，即可循环切换手动进给坐标系（表2-2-2）。

表 2 - 2 - 2 循环切换手动进给坐标系的顺序

画面显示	关节→手动→世界→工具→用户→关节

在按住"SHIFT"键的同时按下"COORD"键时，画面下部显示用来切换手动进给坐标系的图标菜单。也可通过选择所显示的图标来切换手动进给坐标系，如图2-2-50所示。

图 2 - 2 - 50 用于手动进给坐标系切换的图标菜单

五、切换到手腕关节进给

手腕关节进给，是在直线进给和回转进给时（直角 JOG 及工具 JOG 中的 JOG 进给），不保持工具姿势的 JOG 进给。

（1）手腕关节进给设定为"无效"的情况下，在 JOG 进给中，保持工具姿势（标准设定）。

（2）手腕关节进给设定为"有效"的情况下，在 JOG 进给中，不保持工具姿势。画面上显示"W/"，如图2-2-51所示。

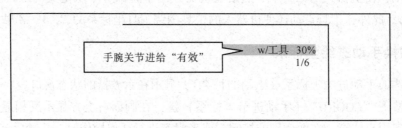

图 2 - 2 - 51 手腕关节进给"有效"的显示

①直线进给（向坐标方向的直线动作）中，手腕轴被固定起来，工具中心点沿着直线运动。

②回转进给（围绕手腕轴的姿势回转）中，保持工具中心点的位置，手腕轴以关节动作的方式运动。

六、切换到附加轴

附加轴（副群组），除了1个动作群组中的机器人标准装备轴（通常情况下4~6轴）外，还可以控制最多3个附加轴作为副群组。

另外，即使不切换到子组，也可以使用"J7""J8"点动键来使附加轴点动。但是，对"J7""J8"点动键的分配可以进行自定义，实际按下"J7""J8"点动键时的效果，取决于自定义后的设定。

七、点动菜单

点动菜单通过简单的操作显示或更改与 JOG 操作相关的如下数据:

（1）工具、点动、用户坐标系中当前所选的坐标号码。

（2）当前所选的组号码。

（3）副群组的选择状态（机器人或附加轴）。

要显示点动菜单，则在按住"SHIFT"键的同时按下"COORD"键（表 2 – 2 – 3）。

表 2 – 2 – 3 使用 JOG 菜单的操作步骤

操　作	步　骤
打开菜单	按住"SHIFT"键的同时按下"COORD"键
关闭菜单	按住"SHIFT"键的同时按下"COORD"键。 按下"PREV"键。 通过数字键改变值时（参照"更改坐标号码""切换群组"）
光标移动	上下移动光标键
更改坐标号码	工具坐标系、点动坐标系 1~10（指定 10 时按下"."键）。 用户坐标系 0~9。 点动坐标系 1~5
切换群组（仅限多群组系统）	数字键（只有存在的组号码有效）
切换副群组（仅限有副群组的系统）	将光标移动到"Robot/Ext"（机器人/附加轴）行后，用左、右移动光标键进行"Robot""Ext"的切换

八、"J7""J8"点动键的设定

"J7""J8"点动键，通常用于同一群组内的附加轴的点动进给，但通过变更设定，可以进行任意轴的点动进给。

设定的变更，通过系统/配置菜单的"J7""J8"点动键进行。"J7""J8"点动键设定菜单如图 2 – 2 – 52 所示。

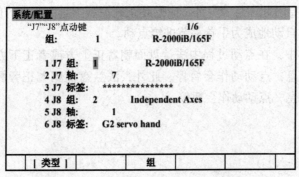

图 2 – 2 – 52 "J7""J8"点动键设定菜单

"J7""J8"点动键的设定状况确认，可在任意的画面上进行。不按下"SHIFT"键而按下"J7"点动键或者"J8"点动键时，就会在画面右上方显示弹出窗口，如图2-2-53所示。此标签名可以通过"J7""J8"点动键设定画面的"J7"标签或者"J8"标签进行变更。

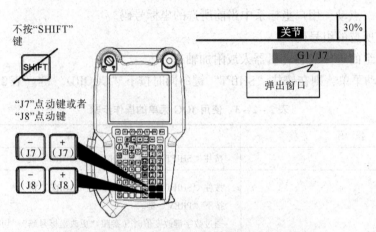

图2-2-53　"J7""J8"点动键的设定状况确认

 任务实施

填空题

切换到手腕关节进给：

（1）按下_____键，显示出辅助菜单。

（2）选择"5切换姿势控制操作"，变为手腕关节进给方式后，显示_____标记。_____，解除所选方式。

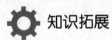 **知识拓展**

关于5轴机器人特有的点动

5轴机器人由于在结构上存在无法获取的姿势，其点动动作较为特殊。

（1）在直线点动中，能够以正确姿势控制的5轴机器人，只限于法兰盘面朝着正上方或者正下方的情形。在除此以外的情况下，其以可以获得的姿势近似地动作。由此，工具姿势将会逐渐变化，需要引起注意。另外，应始终正确控制工具中心点的位置。

（2）旋转点动，自动地成为手首关节进给点动。

（3）在关节动作中，在点动过程中法兰盘面朝着正上方或者正下方时，显示"垂直的固定装置位置"的消息，点动动作会暂停。此外，法兰盘面朝着正旁侧时，显示"水平的固定装置位置"的消息，点动动作会暂停。

工业机器人典型应用——搬运

项目一 搬运机器人工作站基础知识

 项目目标

> 学会搬运机器人常用 I/O 配置；
> 学会搬运机器人常用指令。

 任务列表

学习任务	知识点	能力要求
任务 1 搬运机器人常用 I/O 配置	机器人的 I/O 配置方法	掌握标准 I/O 板配置、数字 I/O 配置
任务 2 搬运机器人常用指令	机器人常用指令	掌握机器人常用运动指令

任务 1 搬运机器人常用 I/O 配置

 任务导入

　　ABB 工业机器人提供了丰富的 I/O 通信接口，可以轻松地实现其与周围设备的通信。ABB 标准 I/O 板提供的常用信号处理有数字输入 DI、数字输出 DO、模拟输入 AI、模拟输出 AO 以及输送链跟踪。ABB 工业机器人可以选配标准 ABB 的 PLC，省去与外部 PLC 进行通信设置的步骤，并且可以在机器人的示教器上实现与 PLC 相关操作。

 知识链接

一、标准 I/O 板配置

　　ABB 标准 I/O 板被挂在 DeviceNet 总线上面，常用型号有 DSQC651（8 个数字输入，8 个数字输出，2 个模拟输出）和 DSQC652（16 个数字输入，16 个数字输出）。在系统中配置标准 I/O 板，至少需要设置表 3 - 1 - 1 所示的四项参数。

表 3 - 1 - 1　配置标准 I/O 板所需设置的四项参数

参数名称	参数注释	参数名称	参数注释
Name	I/O 单元名称	Connected to Bus	I/O 单元所在总线
Type of Unit	I/O 单元类型	DeviceNet Address	I/O 单元所占用总线地址
注：标准 I/O 板配置及 I/O 信号配置详细过程可参考由机械工业出版社出版的《工业机器人实操与应用技巧》或 http：//www.robotpartner.cn 上教学视频中关于标准 I/O 板配置及 I/O 信号配置的说明。			

二、数字I/O配置

在I/O单元上创建一个数字I/O信号，至少需要设置表3-1-2所示的四项参数。

表3-1-2　创建一个数字I/O信号所需设置的四项参数

参数名称	参数注释	参数名称	参数注释
Name	I/O信号名称	Assigned to Unit	I/O信号所在I/O单元
Type of Signal	I/O信号类型	Unit Mapping	I/O信号所占用单元地址

三、系统I/O配置

系统输入：将数字输入信号与机器人系统的控制信号关联起来，通过输入信号对系统进行控制（例如，电动机上电、程序启动等）。

系统输出：机器人系统的状态信号也可以与数字输出信号关联起来，将系统的状态输出给外围设备作控制之用（例如，系统运行模式、程序执行错误等）。

注：系统I/O配置详细过程可参考由机械工业出版社出版的《工业机器人实操与应用技巧》或http://www.robotpartner.cn上教学视频中关于系统I/O配置的说明。

 任务实施

设定参数Name：设定I/O板在系统中的名字，如对标准I/O板——DSQC651板进行配置时，可设定参数Name为d651。

设定参数DeviceNet Address：设定I/O板在总线中的地址，如在标准I/O板——DSQC651板总线连接设置中，地址的设定值是10。

 知识拓展

如何设定搬运机器人I/O配置？

任务2　搬运机器人常用指令

 任务导入

RAPID程序包含一连串控制机器人的指令，执行这些指令可以实现对机器人的控制操作。

 知识链接

一、常用运动指令

（1）MoveL：线性运动指令，使机器人TCP沿直线运动至给定目标点，适用于对路径精度要求高的场合，如切割、涂胶等。

例如：

MoveL p20，v1000，z50，tool1 \WObj：= wobj1;

如图 3 - 1 - 1 所示，机器人 TCP 从当前位置 p_{10} 处运动至 p_{20} 处，运动轨迹为直线。

（2）MoveJ：关节运动指令，使机器人 TCP 快速移动至给定目标点，运行轨迹不一定是直线。

例如：

MoveJ p20，v1000，z50，tool1 \WObj：= wobj1;

如图 3 - 1 - 2 所示，机器人 TCP 从当前位置 p_{10} 处运动至 p_{20} 处，运动轨迹不一定为直线。

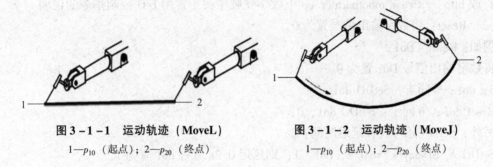

图 3 - 1 - 1 运动轨迹（MoveL）

1—p_{10}（起点）；2—p_{20}（终点）

图 3 - 1 - 2 运动轨迹（MoveJ）

1—p_{10}（起点）；2—p_{20}（终点）

（3）MoveC：圆弧运动指令①，使机器人 TCP 沿圆弧运动至给定目标点。

例如：

MoveC p20，p30，v1000，z50，tool1 \WObj：= wobj1;

如图 3 - 1 - 3 所示，将机器人当前位置 p_{10} 作为圆弧的起点，p_{20} 是圆弧上的一点，p_{30} 是圆弧的终点。

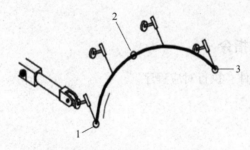

图 3 - 1 - 3 运动轨迹（MoveC）

1—p_{10}（起点）；2—p_{20}（圆弧上的一点）；3—p_{30}（终点）

（4）MoveAbsj：绝对运动指令，使机器人各关节轴运动至给定位置。

例如：

---

① 圆弧运动指令 MoveC 在做圆弧运动时一般不超过 240°，所以一个完整的圆通常使用两条圆弧运动指令来完成。

PERS jointarget jpos10: = [[0,0,0,0,0,0],[9E +09, 9E +09,9E +09,9E +09,9E +09,9E +09]];
关节目标点数据中各关节轴为零度。
MoveAbsj jpos10,v1000, z50, tool1 \WObj: = wobj1;
机器人运行至各关节轴零度位置。

二、常用 I/O 控制指令

(1) Set：将数字输出信号置为 1。

例如：Set Do1；

将数字输出信号 Do1 置为 1。

常用 I/O 控制指令详细内容可参考由机械工业出版社出版的《工业机器人实操与应用技巧》或 http：//www. robotpartner. cn 上教学视频中关于常用 I/O 控制指令的说明。

(2) Reset：将数字输出信号置为 0。

例如：Reset Do1；

将数字输出信号 Do1 置为 0。

Set do1；等同于：SetDO do1，1；

Reset do1；等同于：SetDO do1，0；

另外，SetDO 还可设置延迟时间：

SetDO \ SDelay ： = 0. 2，do1，1；则延迟 0. 2s 后将 do1 置为 1。

(3) WaitDI：等待一个输入信号状态为设定值。

例如：WaitDI Di1, 1；

等待数字输入信号 Di1 为 1，之后才执行下面的指令。

WaitDI Di1，1；等同于：WaitUntil di1 =1；

另外，WaitUntil 应用更为广泛，当后面条件为 TRUE 时才继续执行此指令，如：

WaitUntil bRead =False；

WaitUntil num1 =1；

三、常用逻辑控制指令

(1) IF：满足不同条件，执行对应程序。

例如：

IF reg1 > 5 THEN

Set do1；

ENDIF

如果满足 reg1 >5 这一条件，则执行 Set Do1 指令。

(2) FOR：根据指定的次数，重复执行对应程序。

例如：

FOR i FROM 1 TO 10 DO

routine1；

ENDFOR

重复执行 10 次 routine1 里的程序。

（3）WHILE：如果条件满足，则重复执行对应程序。

例如：

```
WHILE reg1 < reg2 DO
reg1 := reg1 + 1;
ENDWHILE
```

如果变量 reg1 < reg2 条件一直成立，则重复执行 reg1 加 1，直至 reg1 < reg2 条件不成立为止。

（4）TEST：根据指定变量的判断结果，执行对应程序。

例如：

```
TEST  reg1
CASE  1:
routine1;
CASE  2：
routine2;
DEFAULT：
Stop;
ENDTEST
```

判断 reg1 数值，若为 1 则执行 routine1；若为 2 则执行 routine2，否则执行 stop。

在 CASE 中，若在多种条件下执行同一操作，则可合并在同一 CASE 中：

```
TEST  reg1
CASE  1,2,3:
routine1;
CASE  4：
routine2;
DEFAULT：
Stop;
ENDTEST
```

常用逻辑控制指令详细内容可参考机械工业出版社出版的《工业机器人实操与应用技巧》中关于常用逻辑控制指令的说明。

任务实施

实现三维工作台上的三种轨迹编程，程序名称分别为 sanjiaoxing，yuanxing，wailunkuo。

知识拓展

以变量组输入信号 gi1（占用地址为 0-3）的值为判断条件，根据不同的 gi1 值，执行不同的程序。例如，当 gi1 值为 1 时，执行 sanjiaoxing 程序；当 gi1 值为 2 时，执行 yuanxing 程序；当 gi1 值为 4 时，执行 wailunkuo 程序。例如：

```
PROC main()
    WHILE TRUE DO
        TEST gi1
        CASE 1:
            Sanjiaoxing;
        CASE 2:
            Yuanxing;
        CASE 4:
            Wailunkuo;
        ENDTEST
    ENDWHILE
ENDPROC
```

项目二 搬运机器人案例实施

 项目目标

➢ 了解工业机器人搬运工作站布局；
➢ 学会目标点示教；
➢ 学会程序调试；
➢ 学会搬运程序编写。

 任务列表

学习任务	知识点	能力要求
任务1 搬运机器人的基本操作	工作站的解包、I启动、I/O配置	熟练解压工作站，学会I/O配置
任务2 坐标系及载荷数据设置	创建工具数据、工件坐标系数据、载荷数据等	掌握创建工具数据、工件坐标系、载荷数据的方法
任务3 搬运机器人程序解析	导入程序模板、理解程序、修改程序	掌握导入程序模板、理解程序，学会修改程序
任务4 搬运机器人基准目标点示教	目标点示教方法	掌握示教目标点方法

任务1 搬运机器人的基本操作

 任务导入

本工作站以搬运太阳能薄板为例，选用IRB120机器人在流水线上拾取太阳能薄板工件，将其搬运至周转盒中，以便周转至下一工位进行处理。本工作站已经预设搬运动作效果，本任务需要在此工作站中完成工作站解包、创建备份并执行I启动、实现I/O配置工作。

 知识链接

一、工作站解包

（1）双击工作站打包文件"SituationalTeaching_ Carry（6.06.01）. rspag"（图3-2-1）。

图3-2-1 工作站解包1

（2）点击"下一个 >"按钮（图 3-2-2）。

（3）单击"浏览…"按钮，选择存放解包文件的目录（图 3-2-3）。

（4）单击"下一个 >"按钮（图 3-2-3）。

（5）机器人系统库指向"MEDIAPOOL"文件夹。选择 RobotWare 版本（要求最低版本为 5.14.02）（图 3-2-4）。

（6）单击"下一个 >"按钮（图 3-2-4）。

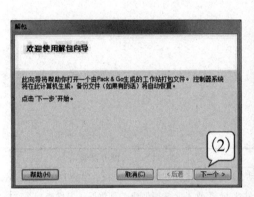

图 3-2-2 工作站解包 2   图 3-2-3 工作站解包 3

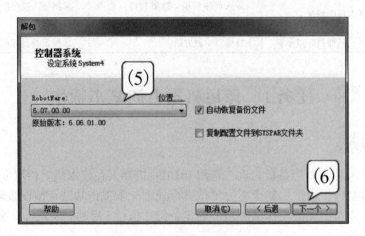

图 3-2-4 工作站解包 4

（7）解包就绪后，单击"完成（F）"按钮（图 3-2-5）。

（8）确认后，单击"关闭"按钮（图 3-2-6）。

（9）解包完成后，主窗口显示整个搬运工作站（图 3-2-7）。

二、创建备份并执行"I 启动"

现有工作站中已包含创建好的参数以及 RAPID 程序。从零开始练习建立工作站的配置工作，需要先将此系统做一个备份，之后执行"I 启动"，将机器人系统恢复到出厂时的初始状态。

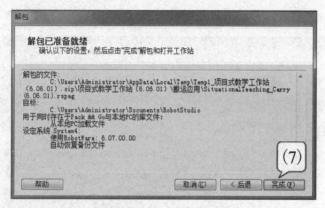

图3-2-5　工作站解包5

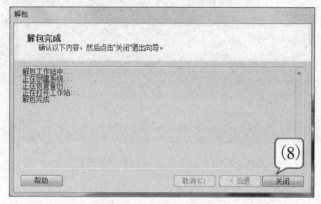

图3-2-6　工作站解包6

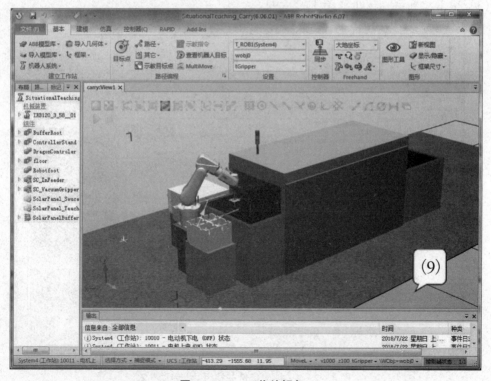

图3-2-7　工作站解包7

（1）在"控制器（C）"菜单中打开"备份"，然后单击"创建备份..."（图3-2-8）。

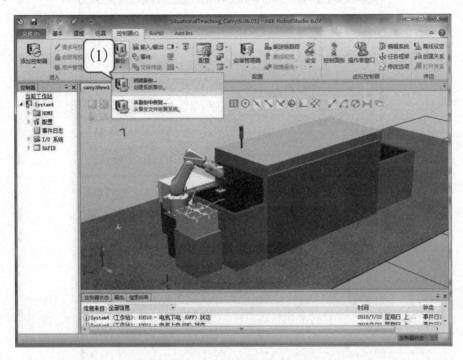

图3-2-8 创建备份并执行"I启动"1

（2）为备份命名，并选定保存的位置（图3-2-9）。

（3）单击"确定"按钮（图3-2-9）。

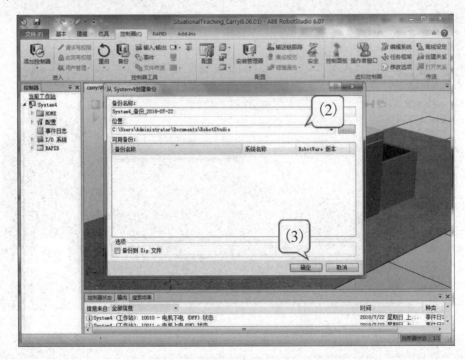

图3-2-9 创建备份并执行"I启动"2

之后执行"I启动"。

（4）在"离线"菜单中，单击"重启动"，然后选择"重置系统［I启动］（S）"（图3－2－10）。

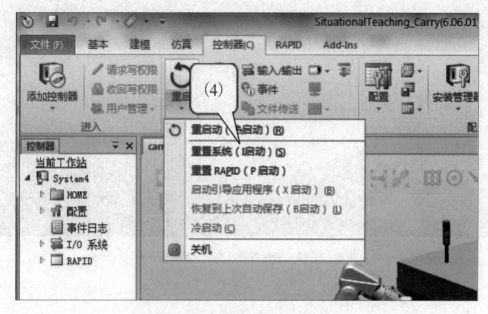

图3－2－10　创建备份并执行"I启动"3

（5）在"I启动"完成后，跳出BaseFrame更新提示框，暂时先单击"否"按钮（图3－2－11）。

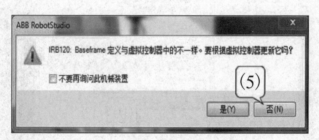

图3－2－11　创建备份并执行"I启动"4

（6）在"控制器"菜单中选择"编辑系统"（图3－2－12）。执行更新BaseFrame操作。

（7）在左侧栏中选中"ROB_1"（图3－2－13）。

（8）选中"使用当前工作站数值"（图3－2－13）。

（9）单击"确定"按钮（图3－2－13）。

待执行热启动后，则完成了工作站的初始化操作。

在RobotStudio中，工作站中的机器人基坐标系框架必须与控制系统中的基坐标系框架保持一致才可正常运行。当在工作站中移动机器人后，通常使用工作站中当前基坐标系框架数据去同步控制器中的该项数据，最终使其保持数据一致。

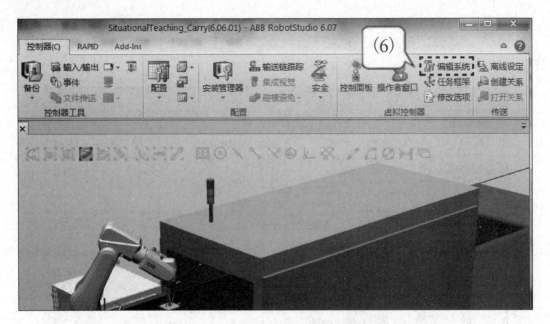

图 3 - 2 - 12　创建备份并执行 "I 启动" 5

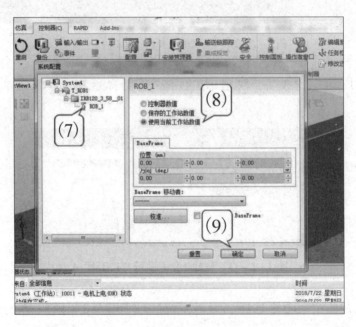

图 3 - 2 - 13　创建备份并执行 "I 启动" 6

在本工作站仿真环境中，动画效果均由 Smart 组件创建。Smart 组件的动画效果通过其自身的 I/O 信号与机器人的 I/O 信号关联，最终实现工作站动画效果与机器人程序的同步。在创建这些信号时，需要严格按照表格中的名称一一进行创建。

三、配置 I/O 单元

在虚拟示教器中，根据表 3 - 2 - 1 所示参数配置 I/O 单元。

表 3 - 2 - 1   I/O 板配置

I/O 单元名称	I/O 单元类型	I/O 单元所在总线	I/O 单元所占用总线地址
Board10	D651	DeviceNet1	10

四、配置 I/O 信号

在虚拟示教器中，根据表 3 - 2 - 2 的参数配置 I/O 信号。

表 3 - 2 - 2   I/O 信号配置

I/O 单元名称	I/O 信号类型	I/O 信号所在 I/O 单元	I/O 信号所占用单元地址	I/O 信号注解
di00_BufferReady	Digital Input	Board10	0	暂存装置到位信号
di01_PanelInPickPos	Digital Input	Board10	1	产品到位信号
di02_VacuumOK	Digital Input	Board10	2	真空反馈信号
di03_Start	Digital Input	Board10	3	外接"开始"
di04_Stop	Digital Input	Board10	4	外接"停止"
di05_StartAtMain	Digital Input	Board10	5	外接"从主程序开始"
di06_EstopReset	Digital Input	Board10	6	外接"急停复位"
di07_MotorOn	Digital Input	Board10	7	外接"电动机上电"
do32_VacuumOpen	Digital Output	Board10	32	打开真空
do33_AutoOn	Digital Output	Board10	33	自动状态输出信号
do34_BufferFull	Digital Output	Board10	34	暂存装置满载

五、配置系统 I/O 信号

在虚拟示教器中，根据表 3 - 2 - 3 的参数配置系统 I/O 信号。

表 3 - 2 - 3   系统输入/输出配置

类 型	信号名称	动作/状态	Argument1	注 释
System Input	di03_Start	Start	Continuous	程序启动
System Input	di04_Stop	Stop	无	程序停止
System Input	di05_StartAtMain	StartMain	Continuous	从主程序启动
System Input	di06_EstopReset	ResetEstop	无	急停状态恢复
System Input	di07_MotorOn	MotorOn	无	电动机上电
System Output	do33_AutoOn	AutoOn	无	自动状态输出

 任务实施

根据实际要求，创建搬运机器人工作站备份，执行"I 启动"，并进行 I/O 配置操作。

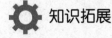 知识拓展

练习设定搬运机器人常用 I/O 配置。

任务2　坐标系及载荷数据设置

 任务导入

　　了解工具坐标系的定义，掌握工具坐标系 TCP 的测量方法，即分类。掌握工具坐标系测量的原理及方法，完成尖点工具的坐标系测量。

　　在了解工业机器人有效载荷定义以及设置方法的基础上，能够在工业机器人示教器上进行有效载荷的设置。如果工业机器人是用于搬运，就需要设置有效载荷，因为对于搬运机器人而言，手臂承受的重量是不断变化的，所以不仅要正确设定夹具的质量和重心的数据，还要设置搬运对象的质量和重心数据。

知识链接

一、创建工具数据

　　在虚拟示教器中，根据表 3 – 2 – 4 所示的参数设定工具数据 tGripper，如图 3 – 2 – 14 所示。

表 3 – 2 – 4　工具数据设定

参数名称	参数数值
robothold	TRUE
Trans	
X	0
Y	0
Z	115
Rot	
q_1	1
q_2	0
q_3	0
q_4	0
mass	1
Cog	
X	0
Y	0
Z	100
其余参数均为默认值	

二、创建工件坐标系数据

　　本工作站中，工件坐标系均采用用户 3 点示教法创建。在虚拟示教器中，根据图 3 – 2 – 15、

图 3 - 2 - 16 所示位置设定工件坐标。工件坐标系 WobjCNV 如图 3 - 2 - 15 所示。工件坐标系 WobjBuffer 如图 3 - 2 - 16 所示。

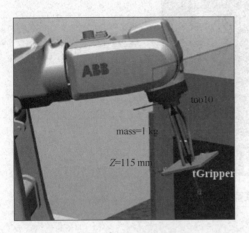

图 3 - 2 - 14　工具数据设定

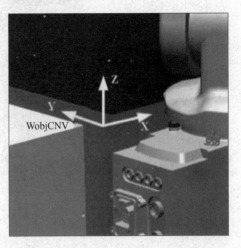

图 3 - 2 - 15　工件坐标系 **WobjCNV**

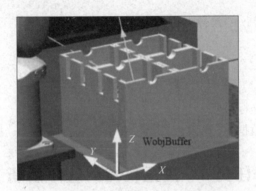

图 3 - 2 - 16　工件坐标系 **WobjBuffer**

三、创建载荷数据

在虚拟示教器中，根据表 3 - 2 - 5 所示的参数设定载荷数据 LoadFull，如图 3 - 2 - 17 所示。

表 3 - 2 - 5　载荷数据设定

参数名称	参数数值
mass	1
Cog	
X	0
Y	0
Z	118
其余参数均为默认值	

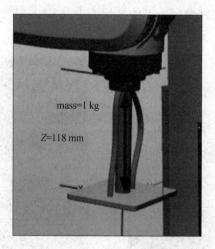

图 3 - 2 - 17 载荷数据设定

 任务实施

请根据实际工作要求，创建搬运机器人工具数据，正确创建工件坐标系数据以及载荷数据。

 知识拓展

（1）如何创建工具坐标系？
（2）如何创建载荷数据？

任务3 搬运机器人程序解析

 任务导入

本工作站要实现的动作是机器人在流水线上拾取太阳能薄板工件，将其搬运至暂存盒中，以便周转至下一工位进行处理。

 知识链接

一、导入程序模块

之前创建的备份文件中包含本工作站的 RAPID 程序模块。此程序模块已能够实现本工作站机器人的完整逻辑及动作控制，只需对几个位置点进行适当的修改，便可正常运行。

注意：若导入程序模块时，提示工具数据、工件坐标数据和有效载荷数据命名不明确，则在手动操纵画面将之前设定的数据删除，再进行导入程序模板的操作。

我们可以通过虚拟示教器导入程序模块，也可以通过 RobotStudio "离线"菜单中的"加载模块"来导入，这里以软件操作为例来介绍加载程序模块的步骤。

（1）在"RAPID"菜单的程序菜单中单击"加载模块..."（图3-2-18）。

图3-2-18 导入程序模块1

（2）浏览至之前所创建的备份文件夹（图3-2-19）。

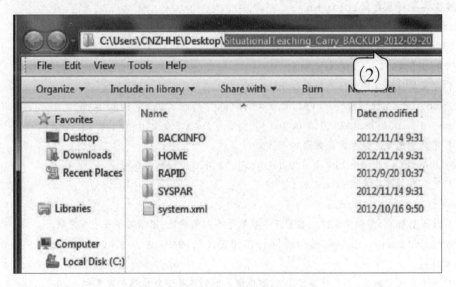

图3-2-19 导入程序模块2

备份文件夹中共有四个文件夹和一个文件。

BACKINFO：备份信息。HOME：机器人硬盘上HOME文件夹。RAPID：机器人RAPID程序。SYSPAR：机器人配置参数。system. xml：机器人系统信息。

然后，打开文件夹RAPID—TASK1—PROGMOD，找到程序模块"MainMoudle. mod"。

（3）选中"MainMoudle. mod"，单击"Open"按钮。跳出"同步到工作站"对话框。在RobotStudio中，为保证虚拟控制器中的数据与工作站数据一致，需要将虚拟控制器与工作站数据进行同步。虚拟示教器进行数据修改后，需要执行"同步到工作站"；反之，则需要执行"同步到 VC（虚拟控制器）"。

（4）勾选全部，单击"确定"按钮，完成加载程序模块的操作。

二、程序注解

在熟悉此 RAPID 程序后，可以根据实际的需要在此程序的基础上做适用性的修改，以满足实际逻辑与动作的控制。

实现机器人逻辑和动作控制的 RAPID 程序：

```
MODULE MainMoudle
CONST robtarget  pPick: =[[ * , * , * ],[ * , * , * , * ],[0,0,0,0],[9E9,9E9,9E9,9E9,
9E9,9E9]];
CONST robtarget pHome: =[ [ * , * , * ],[ * , * , * , * ],[0,0,0,0],[9E9,9E9,9E9,9E9,9E9,
9E9]];
CONST robtarget pPlaceBase: =[[ * , * , * ],[ * , * , * , * ],[ -1,0, -1,0],[9E9,9E9,
9E9,9E9,9E9,9E9]];
! 需要示教的目标点数据,抓取点 pPick、HOME 点 pHome、放置基准点 pPlaceBase
PERS tooldata tGripper: =[TRUE,[[0,0,115],[1,0,0,0]],[1,[0,0,100],[0,1,0,0],0,0,
0]];
! 定义工具坐标系数据 tGripper
PERS wobjdata
WobjBuffer: =[ FALSE,TRUE,"",[[ -350.365, -355.079,418.761],[0.707 547,0,0,
0.706 666]],[[0,0,0],[1,0,0,0]]];
! 定义周转盒工件坐标系数据 WobjBuffer
PERS wobjdata WobjCNV: =[FALSE,TRUE,"",[[ -726.207, -645.04,600.015],[0.709 205,
-0.007 558 8,0.000 732 113,0.704 961]],[[0,0,0],[1,0,0,0]]];
! 定义输送带工件坐标系数据 WobjCNV
PERS loaddata LoadFull: =[0.5,[0,0,3],[1,0,0,0],0,0,0];
! 定义有效载荷数据 LoadFull
PERS  robtarget pPlace;
! 放置目标点,类型为 PERS,在程序中被赋予不同的数值,用以实现多点位放置
CONST jointtarget jposHome: =[[0,0,0,0,0,0],[9E +09,9E +09,9E +09,9E +09,9E +
09,9E +09]];
! 关节目标点数据,各关节轴数为 0,即机器人回到各关节轴机械刻度零位
CONST speeddata vLoadMax: =[3 000,300,5 000,1 000];
CONST speeddata vLoadMin: =[500,200,5 000,1 000];
CONST speeddata vEmptyMax: =[5 000,500,5 000,1 000];
CONST speeddata vEmptyMin: =[1 000,200,5 000,1 000];
! 速度数据,根据实际需求定义多种速度数据,便于控制机器人各动作的速度
PERS num nCount: =1;
! 数据型变量 nCount,此数据用于太阳能薄板计数,根据此数据的数值赋予放置目标点 pPlace
不同的位置数据,以实现多点位放置
```

```
      PERS num nXoffset: = 145;
      PERS num nYoffset: = 148;
          ！数字型变量,用作放置位置偏移数值,即太阳能薄板摆放位置之间在 X、Y 方向的单个间隔距离
      VAR bool bPickOK: = False;
          ！布尔量,当拾取动作完成后将其置为 Ture,放置完成后将其置为 False,以做逻辑控制之用
  PROC Main( )
      ！主程序
      rInitialize;
      WHILE TRUE DO
          ！利用 WHILE 循环将初始化程序隔开
          rPickPanel;
          ！调用拾取程序
          rPlaceInBuffer;
          Waittime 0.3;
          ！循环等待时间,防止在不满足机器人动作情况下程序扫描过快,造成 CPU 过负载
      ENDWHILE
  ENDPROC


  PROC rInitialize( )
      ！初始化程序
      rCheckHomePos;
          ！机器人位置初始化,调用检测是否在 Home 位置点程序,检测当前夹钳位置是否在 HOME 点,若在
  HOME 点,则继续执行之后的初始化指令;若不在 HOME 点,则先返回 HOME 点
      nCount: = 1;
          ！计数初始化,将太阳能薄板的计数数值设置为 1,即从放置的第一个位置开始摆放
      reset do32_VacuumOpen;
          ！信号初始化,复位真空信号,关闭真空
      bPickOK: = False;
          ！布尔量初始化,将拾取布尔量置 False
  ENDPROC


  PROC rPickPanel( )
      ！拾取太阳能薄板程序
      IF bPickOK = False THEN
          ！当拾取布尔量 bPickOK 为 False 时,则执行 IF 条件下的拾取动作指令,否则执行 ELSE 中出错
  处理的指令,因为当机器人去拾取太阳能薄板时,需要保证其真空夹具上面没有太阳能薄板
          MoveJ offs(pPick,0,0,100),vEmptyMax,z20,tGripper \ WObj: = WobjCNV;
          ！利用 MoveJ 指令移动至拾取位置 pPick 点正上方 Z 轴正方向 100 mm 处
          WaitDI di01_PanelInPickPos,1;
          ！等待产品到位信号 di01_PanelInPickPos 变为 1,即太阳能薄板已到位
          MoveL pPick,vEmptyMin,fine,tGripper \ WObj: = WobjCNV;
          ！产品到位后,利用 MoveL 移至拾取位置 pPick 点
```

```
        Set do32_VacuumOpen;
        ! 将真空信号置为1,控制真空吸盘产生真空,将太阳能薄板拾起
        WaitDI di02_VacuumOK,1;
        ! 等待真空反馈信号为1,即真空夹具产生的真空度达到需求后才认为已将产品完全拾起。若真空
夹具上面没有真空反馈信号,则可以使用固定等待时间,如 Waittime = 0.3;
        bPickOK: = TRUE;
        ! 真空建立后,将拾取的布尔量置为 TRUE,表示机器人夹具上面已经拾取一个产品,以便在放置程
序中判断夹具的当前状态
        GripLoad LoadFull;
        ! 加载载荷数据 LoadFull
        MoveL offs(pPick,0,0,100),vLoadMin,z10,tGripper\WObj: = WobjCNV;
        ! 利用 MoveL 移至拾取位置 pPick 点正上方100mm 处
    ELSE
        TPERASE;
        TPWRITE "Cycle Restart Error";
        TPWRITE "Cycle can't start with SolarPanel on Gripper";
        TPWRITE "Please check the Gripper and then press the start button";
        stop;
        ! 如果在拾取开始之前拾取布尔量已经为 TRUE,则表示夹具上面已经有产品,在此种情况下机器
人不能再去拾取另一个产品。此时通过写屏指令描述当前错误状态,并提示操作员检查当前夹具状态,排除
错误状态后再开始下一个循环。同时利用 Stop 指令,停止程序运行
    ENDIF
ENDPROC


PROC rPlaceInBuffer()
    ! 放置程序
    IF bPickOK = TRUE THEN
        rCalculatePos;
        ! 调用计算放置位置程序。此程序中会通过判断当前计数 nCount 的值,对放置点 pPlace 赋予不
同的放置位置数据
        MoveJ offs(pPlace,0,0,100),vLoadMax,z50,tGripper\WObj: = WobjBuffer;
        ! 利用 MoveJ 移至放置位置 pPlace 点正上方100mm 处
        MoveL pPlace,vLoadMin,fine,tGripper\WObj: = WobjBuffer;
        ! 利用 MoveL 移动至放置位置 pPlace 点处
        Reset do32_VacuumOpen;
        ! 复位真空信号,控制真空夹具关闭真空,将产品放下
        WaitTime 0.3;
        ! 等待0.3s,以防止刚放置的产品被剩余的真空带起
        WaitDI di02_VacuumOK,0;
        ! 等待真空反馈信号变为0
        GripLoad load0;  ! 加载载荷数据 load0
        bPickOK: = FALSE;
```

！此时真空夹具已将产品放下，需要将拾取布尔量置为 FALSE，以便在下一个循环的拾取程序中判断夹具的当前状态

MoveL offs(pPlace,0,0,100),vEmptyMin,z10,tGripper\WObj: =WobjBuffer;

！利用 MoveL 移至放置位 pPlace 点正上方 100mm 处

nCount: =nCount +1;

！产品计数 nCount 加1，通过累计 nCount 的数值，在计算放置位置的程序 rCalculatePos 中赋予放置点 pPlace 不同的位置数据

IF nCount >4 THEN

！判断计数 nCount 是否大于4，此处演示的状况是放置4个产品，即表示已经满载，需要更换周转盒以及其他的复位操作，如计数 nCount、满载信号等

nCount: =1;

！计数复位，将 nCount 赋值为1

Set do34_BufferFull;

！输出周转盒满载信号，以提示操作员或周边设备更换周转盒装置

MoveJ pHome,vEmptyMax,fine,tGripper;

！将机器人移至 Home 点，此处可根据实际情况设置机器人的动作，例如若是多工位放置，那么机器人可继续去其他的放置工位进行产品的放置任务

WaitDI di00_BufferReady,0;

！等待周转装置到位信号变为0，即满载的周转装置已被取走

Reset do34_BufferFull;

！满载的周转装置被取走后，则复位周转装置满载信号

ENDIF

ENDIF

ENDPROC

PROC rCalculatePos()

！计算位置子程序

TEST nCount

！检测当前计数 nCount 的数值

CASE 1:

pPlace: =offs(pPlaceBase,0,0,0);

！若 nCount 为1，则利用 Offs 指令，以 pPlaceBase 为基准点，在坐标系 WobjBuffer 中沿着 X、Y、Z 方向偏移相应的数值，此处 pPlaceBase 点就是第一个放置位置，所以 X、Y、Z 偏移值均为0，也可直接写成:pPlaceBase;

CASE 2:

pPlace: =offs(pPlaceBase,nXoffset,0,0);

！若 nCount 为2，如图3 -2 -20所示，位置2相对于放置基准点 pPlaceBase 点只是在 X 正方向偏移了一个产品间隔，由于程序使在工件坐标系 W 欧版机 Buffer 下进行放置动作，所以这里所涉及的 X、Y、Z 方向均指的是 WobjBuffer 坐标系方向

CASE 3:

pPlace: =offs(pPlaceBase,0,nYoffset,0);

！若 nCount 为3，如图3 -2 -20所示，位置相对于放置基准点 pPlaceBase 点只是在 Y 正方向

偏移了一个产品间隔

```
CASE 4:
    pPlace:=offs(pPlaceBase,nXoffset,nXoffset,0);
    ! 若 nCount 为 4,如图 3-2-20 所示,位置 4 相对于放置基准点 pPlaceBase 点在 X、Y、Z 正方
向各偏移了一个产品间隔
DEFAULT:
    TPERASE;
    TPWRITE"The CountNumber is error,please check it!";
    STOP;
    ! 若 nCount 数值不为 Case 中所列的数值,则视为技术出错,写屏提示错误信息,并利用 Stop 指
令停止程序循环
ENDTEST
ENDPROC
```

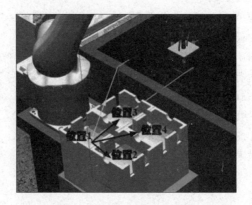

图 3-2-20 位置 4 的偏移

```
PROC rCheckHomePos()
        ! 检测是否在 Home 点程序
    VAR robtarget pActualPos;
        ! 定义一个目标点数据 pActualPos
    IF NOT CurrentPos(pHome,tGripper) THEN
        ! 调用功能程序 CurrentPos。此为一个布尔量的功能程序,括号里面的参数分别指的是所要比
较的目标点以及使用的工具数据。这里写入的是 pHome,是将当前机器人位置与 pHome 点进行比较,若在
Home 点,则此布尔量为 True;若不在 Home 点,则为 False。在此功能程序的前面加上一个 NOT,则表示当
机器人不在 Home 点时才会执行 IF 判断中机器人返回 Home 点的动作指令
        pActualpos:=CRobT(\Tool:=tGripper\WObj:=wobj0);
        ! 利用 CRobT 功能读取当前机器人目标位置并赋值给目标点数据 pActualPos
        pActualpos.trans.z:=pHome.trans.z;
        ! 将 pHome 点的 Z 值赋给 pActualPos 点的 Z 值
        MoveL pActualpos,v100,z10,tGripper;
        ! 移至已被赋值后的 pActualPos 点
        MoveL pHome,v100,fine,tGripper;
        ! 移至 pHome 点,上述指令的目的是需要先将机器人提升至与 pHome 点一样的高度,之后再
```

平移至 pHome 点,这样可以简单地规划一条安全回 Home 点的轨迹

```
    ENDIF
ENDPROC


FUNC bool CurrentPos(robtarget ComparePos,INOUT tooldata TCP)
    ! 检测目标点功能程序,带有两个参数,比较目标点与所使用的工具数据
    VAR num Counter: = 0;
        ! 定义数字型数据 Counter
    VAR robtarget ActualPos;
        ! 定义目标点数据 ActualPos
    ActualPos: = CRobT( \ Tool: = tGripper \ WObj: = wobj0);
        ! 利用 CRobT 功能读取当前机器人目标位置并赋值给 ActualPos
    IF ActualPos.trans.x > ComparePos.trans.x - 25 AND ActualPos.trans.x < ComparePos.
trans.x + 25 Counter: = Counter + 1;
    IF ActualPos.trans.y > ComparePos.trans.y - 25 AND ActualPos.trans.y < ComparePos.
trans.y + 25 Counter: = Counter + 1;
    IF ActualPos.trans.z > ComparePos.trans.z - 25 AND ActualPos.trans.z < ComparePos.
trans.z + 25 Counter: = Counter + 1;
    IF ActualPos.rot.q1 > ComparePos.rot.q1 - 0.1 AND ActualPos.rot.q1 < Compare-
Pos.rot.q1 + 0.1 Counter: = Counter + 1;
    IF ActualPos.rot.q2 > ComparePos.rot.q2 - 0.1 AND ActualPos.rot.q2 < Compare-
Pos.rot.q2 + 0.1 Counter: = Counter + 1;
    IF ActualPos.rot.q3 > ComparePos.rot.q3 - 0.1 AND ActualPos.rot.q3 < Compare-
Pos.rot.q3 + 0.1 Counter: = Counter + 1;
    IF ActualPos.rot.q4 > ComparePos.rot.q4 - 0.1 AND ActualPos.rot.q4 < Compare-
Pos.rot.q4 + 0.1 Counter: = Counter + 1;
```
　　! 将当前机器人所在目标位置数据与给定目标点位置数据进行比较,共七项数值,分别为 X、Y、Z 坐标值及工具姿态数据 q1、q2、q3、q4 里面的偏差值,如 X、Y、Z 里面偏差值"25"可根据实际情况进行调整。每项比较结果成立,则计数 Counter 加1,七项全部满足的话,则 Counter 数值为7

```
    RETURN Counter = 7;
        ! 返回判断式结果,若 Counter 为 7,则返回 TRUE,若不为 7,则返回 FALSE
ENDFUNC


PROC rMoveAbsj()
    MoveAbsJ jposHome \ NoEOffs, v100, fine, tGripper \ WObj: = wobj0;
        ! 利用 MoveAbsJ 移至机器人各关节轴零位位置
    ENDPROC


PROC rModPos()
    ! 示教目标点程序
    MoveL pPick,v10,fine,tGripper \ WObj: = WobjCNV;
        ! 示教拾取点 pPick,在工件坐标系 WobjCNV 下
```

```
MoveL pPlaceBase,v10,fine,tGripper\WObj:=WobjBuffer;
    ! 示教放置基准点 pPlaceBase,在工件坐标系 WobjBuffer 下
MoveL pHome,v10,fine,tGripper;
    ! 示教 Home 点 pHome,在工件坐标系 Wobj0
ENDPROC
ENDMODUL
```

三、程序修改

根据实际情况，若需要在此程序基础上做适应性的修改，则可以采取基本的方式，即通过示教器的程序编辑器进行修改；也可以利用 RobotStudio 的 RAPID 编辑器功能直接对程序文本进行编辑，这样做更为方便快捷。下面对后者进行相关介绍。

（1）在"离线"菜单中依次展开 SituationalTeaching_ Carry—RAPID—T_ ROB1—程序模块，双击需要打开的程序模块 MainMoudle，即可对该模块进行文本编辑，如图 3 - 2 - 21 所示。

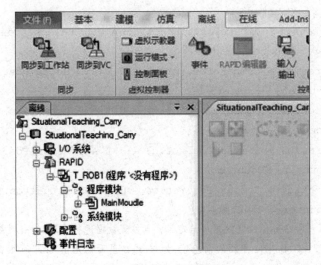

图 3 - 2 - 21　程序修改

（2）在 RAPID 编辑器中可以进行添加、复制、粘贴、删除等常规文本编辑操作。若对 RAPID 指令不太熟练，则可单击编辑器工具栏中的"指令列表"，选择所需添加的指令，它有语法提示，便于程序语言编辑。

（3）编辑完成之后，单击编辑器工具栏左上角的"应用"，即可将上述操作同步至控制系统中。

（4）单击"应用"之后，编辑器下面的"输出"提示窗口会显示程序检查信息，可根据错误提示对文本进行修改，直至无语法、语义错误。

 **任务实施**

请识读搬运机器人的程序，并学会修改程序。

知识拓展

当程序编辑完成后，请在自动运行模式下测试程序。

任务4 搬运机器人基准目标点示教

任务导入

设定好搬运机器人的运动轨迹后，需要完善程序，即添加轨迹起始接近点、轨迹结束离开点以及安全位置 HOME 点。

知识链接

示教目标点

在本工作站中，需要示教三个目标点，分别为：

太阳能薄板拾取点 pPick，如图 3 - 2 - 22 所示；

放置基准点 pPlaceBase，如图 3 - 2 - 23 所示；

程序起始点 pHome，如图 3 - 2 - 24 所示。

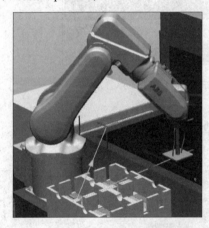

图 3 - 2 - 22 pPick

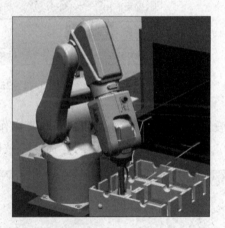

图 3 - 2 - 23 pPlaceBase

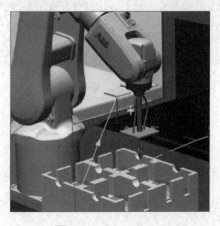

图 3 - 2 - 24 pHome

在 RAPID 程序模块中包含一个专门用于手动示教目标点的子程序 rModPos，在虚拟示教器中，进入"程序编辑器"，将指针移动至该子程序，之后通过虚拟示教器操纵搬运机器人依次移动至拾取点 pPick、放置基准点 pPlaceBase、程序起始点 pHome，并通过修改位置将其记录下来。

（1）将搬运机器人移动至目标点位置后，选中需要修改的目标点或整条语句，单击"修改位置"，即可对该目标点进行修改，如图 3-2-25 所示。

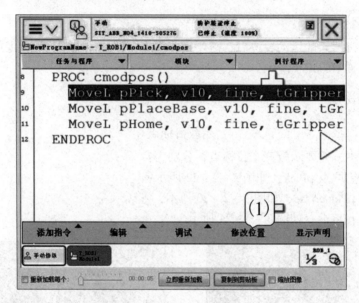

图 3-2-25　修改位置 1

示教目标点完成之后，即可进行仿真操作，查看工作站的整个工作流程。

（2）单击"仿真"菜单中的"播放"按钮，如图 3-2-26 所示。

图 3-2-26　修改位置 2

 **任务实施**

请根据实际，设定合适的搬运机器人运动轨迹的起始接近点、轨迹结束离开点和安全位置点。

一、LoadIdentify：载荷测定服务例行程序

在搬运机器人系统中已预定义数个服务例行程序，如 SMB 电池节能、自动测定载荷等。其中，LoadIdentify 可以测定工具载荷和有效载荷。可确认的数据是质量、重心和转动惯量。与已确认数据一同提供的还有测量精度，该精度可以表明测定的进展情况。

在本案例中，由于工具及搬运工件结构简单，并且对称，所以可以直接通过手工测量的方法测出工具及工件的载荷数据，但若所用夹具或搬运工件较为复杂，不便于手工测量，则可使用此服务。通过例行程序自动测量工具载荷或有效载荷，如图 3 – 2 – 27 所示。

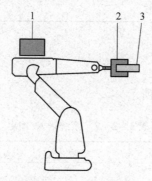

图 3 – 2 – 27　自动测量

1—上臂载荷；2—工具载荷；3—工件载荷

二、数字 I/O 信号设置参数介绍

数字 I/O 信号设置参数如表 3 – 2 – 6 所示。

表 3 – 2 – 6　数字 I/O 信号设置参数

参数名称	参数说明
Name	信号名称（必设）
Type of Signal	信号类型（必设）
Assigned to Unit	连接到的 I/O 单元（必设）
Signal Identification Label	信号标签，为信号添加标签，便于查看。例如将信号标签与接线端子标签设为一致，如 Conn. X4, Pin 1
Unit Mapping	占用 I/O 单元的地址（必设）
Category	信号类别，为信号设置分类标签，当信号数量较多时，通过类别过滤，便于分类别查看信号
Access Level	写入权限。 ReadOnly：各客户端均无写入权限，只读状态。 Default：可通过指令写入或通过本地客户端（如示教器）在手动模式下写入。 All：各客户端在各模式下均有写入权限

参数名称	参数说明
Default Value	默认值，系统启动时其信号默认值
Filter Time Passive	失效过滤时间（ms），防止信号干扰，如设置为1 000，则把信号置为0并持续1 s后才视该信号已置为0（限于输入信号）
Filter Time Active	激活过滤时间（ms），防止信号干扰，如设置为1 000，则把信号置为1并持续1 s后才视该信号已置为1（限于输入信号）
Signal Value at System Failure and Power Fail	断电保持，当系统错误或断电时是否保持当前信号状态（限于输出信号）
Store Signal Value at Power Fail	当重启时是否将该信号恢复为断电前的状态（限于输出信号）
Invert Physical Value	信号置反

三、系统输入/输出

系统输入/输出如表3-2-7所示。

表3-2-7 系统输入/输出

系统输入/输出	说明
Auto On	自动运行状态
Backup Error	备份错误报警
Backup in Progress	系统备份进行中状态，当备份结束或错误时信号复位
Cycle On	程序运行状态
Emergency Stop	紧急停止
Execution Error	运行错误报警
Mechanical Unit Active	激活机械单元
Mechanical Unit Not Moving	机械单元没有运行
Motor Off	电动机下电
Motor On	电动机上电
Motor Off State	电动机下电状态
Motor On State	电动机上电状态
Motion Supervision On	动作监控打开状态
Motion Supervision Triggered	当碰撞检测被触发时信号置位
Path Return Region Error	返回路径失败状态，机器人当前位置离程序位置太远
Power Fail Error	动力供应失效状态，机器人断电后无法从当前位置运行
Production Execution Error	程序执行错误报警
Run Chain OK	运行链处于正常状态
Simulated I/O	虚拟I/O状态，有I/O信号处于虚拟状态
Task Executing	任务运行状态
TCP Speed	TCP速度，用模拟输出信号反映机器人当前实际速度

系统输入/输出	说 明
TCP Speed Reference	TCP 速度参考状态，用模拟输出信号反映机器人当前指令中的速度
Motor On and Start	电动机上电并启动运行
Load and Start	加载程序并启动运行
Interrupt	中断触发
Start	启动运行
Start at Main	从主程序启动运行
Stop	暂停
Quick Stop	快速停止
Soft Stop	软停止
Stop at End of Cycle	在循环结束后停止
Stop at End of Instruction	在指令运行结束后停止
Reset Execution Error Signal	报警复位
Reset Emergency Stop	急停复位
System Restart	重启系统
Load	加载程序文件，适用后，之前适用 Load 加载的程序文件将被清除
Backup	系统备份

四、限制关节轴运动范围

在某些特殊情况下，因为工作环境或控制的需要，要对机器人关节轴的运动范围进行限定。具体操作步骤如下：

（1）依次单击"ABB""控制面板""配置"，之后单击"主题"，选择"Motion"（图 3 - 2 - 28）。

图 3 - 2 - 28 限制关节轴运动范围 1

（2）单击"Arm"（图 3 – 2 – 29）。

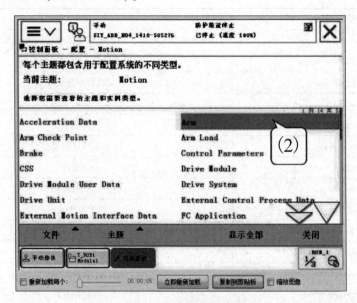

图 3 – 2 – 29 限制关节轴运动范围 2

（3）单击"rob1_1"，对关节轴 1 进行设定（图 3 – 2 – 30）。

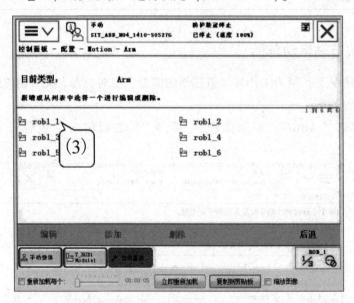

图 3 – 2 – 30 限制关节轴运动范围 3

（4）参数"Upper Joint Bound"和"Lower Joint Bound"分别指关节轴正方向和负方向的最大转动角度，单位为 rad（1 rad 约为 57.3°）。通过修改这两项参数来修改此关节轴的运动范围，修改后需要重新启动才会生效。此种型号机器人的两项数据默认值分别为 2.979 79 rad 和 – 2.979 79 rad，转换成度数即为 + 165°和 – 165°（图 3 – 2 – 31）。

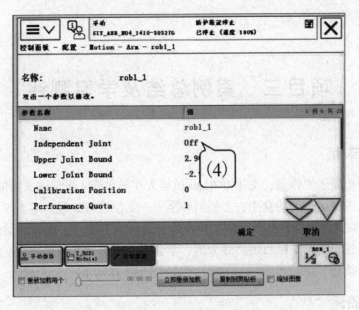

图 3 - 2 - 31 限制关节轴运动范围 4

五、奇异点管理

当机器人关节轴 5 角度为 0°，同时关节轴 4 和关节轴 6 一样时，则机器人处于奇异点。在设计夹具及工作站布局时，应尽量避免机器人运动轨迹进入奇异点的可能。

在编程时，也可以使用 SingArea 指令让机器人自动规划当前轨迹经过奇异点时的插补方式。如：

SingArea\Wrist;允许轻微改变工具的姿态,以便通过奇异点

SingArea\Off;关闭自动插补

项目三 案例总结及学习测评

一、案例总结

本太阳能薄板搬运工作站，选用 IRB120 机器人在流水线上做拾取太阳能薄板工件工作，将太阳能薄板工件搬运至周转盒中，方便周转至下一工位进行处理。本工作站主要通过完成 I/O 配置、程序数据创建、目标点示教、程序编写及调试工作，实现搬运动作效果，展现整个工作站的搬运过程。以本项目的实施为例，学会工业机器人的搬运应用，掌握工业机器人搬运程序的编写技巧。

二、学习测评

测评明细如表 3-3-1 所示。

表 3-3-1 测评明细

项　目	技术要求	分　值	评分细则	评分记录	备　注
创建搬运机器人备份并执行"I 启动"	熟练创建搬运机器人备份并执行"I 启动"	10	1. 理解流程 2. 操作流程		
设置搬运机器人 I/O 配置	熟练掌握搬运机器人常用 I/O 配置	15	1. 理解流程 2. 操作流程		
创建搬运机器人工具数据	熟练掌握搬运机器人工具数据创建方法	15	1. 理解流程 2. 操作流程		
创建搬运机器人工件坐标系数据与载荷数据	熟练掌握创建搬运机器人工件坐标系数据与载荷数据方法	15	1. 理解流程 2. 操作流程		
导入程序模块	掌握导入程序模块方法	10	1. 理解流程 2. 操作流程		
理解程序	熟练掌握程序及其修改方法	20	理解与掌握		
示教目标点	掌握示教目标点方法	15	理解与掌握		

工业机器人典型应用——弧焊

项目一　工业机器人弧焊单元

项目目标

➤ 了解工业机器人弧焊工作站的布局；
➤ 学会弧焊常用 I/O 配置；
➤ 掌握弧焊常用参数配置。

任务列表

学习任务	知识点	能力要求
任务 1　弧焊 I/O 配置及参数设置	弧焊 I/O 配置、参数设置	了解弧焊 I/O 配置及参数设置
任务 2　常用弧焊数据	弧焊数据类型	熟悉弧焊数据的基础知识
任务 3　焊枪及清枪机构的使用	清枪机构	熟悉清枪机构的使用方法

任务 1　弧焊 I/O 配置及参数设置

任务导入

随着汽车、军工及重工等行业的飞速发展，这些行业中的三维钣金零部件的焊接加工呈现小批量化、多样化的趋势。工业机器人和焊接电源所组成的机器人自动化焊接系统，能够自由、灵活地实现各种复杂三维曲线加工轨迹，并且能够把员工从恶劣的工作环境中解放出来以从事更高附加值的工作。

与码垛、搬运等应用所不同的是，弧焊是基于连续工艺状态下的工业机器人应用，这对工业机器人提出了更高的要求。ABB 利用自身强大的研发实力开发了一系列的焊接技术，来满足市场的需求。其所开发的 ArcWare 弧焊包可匹配当今市场大多数知名品牌的焊机，TrochServies 清枪系统和 PathRecovery（路径恢复）让机器人的工作更加智能化和自动化，SmartTac 探测系统则更好地解决了产品定位精度不足的问题。

知识链接

一、准 I/O 板配置

ABB 标准 I/O 板被挂在 DeviceNet 总线上面，弧焊应用常用型号有 DSQC651（8 个数字输入，8 个数字输出，2 个模拟输出）和 DOC652（16 个数字输入，16 个数字输出）。在系统中配置标准 I/O 板，至少需要配置表 4 – 1 – 1 所示的四项参数。

表 4 – 1 – 1　标准 I/O 板配置参数

参数名称	参数注释	参数名称	参数注释
Name	I/O 单元名称	Connected to Bus	I/O 单元所在总线
Type of Unit	I/O 单元类型	DeviceNet Address	I/O 单元所占用总线地址

二、数字常用 I/O 配置

在 I/O 单元上面创建一个数字 I/O 信号，至少需要配置表 4 – 1 – 2 所示的四项参数。

表 4 – 1 – 2　数字常用 I/O 配置参数

参数名称	参数注释	参数名称	参数注释
Name	I/O 单元名称	Assigned to Bus	I/O 信号所在 I/O 单元
Type of Signal	I/O 单元类型	Unit Mapping	I/O 单元所占用单元地址

三、系统 I/O 配置

系统输入：可以将数字输入信号与机器人系统的控制信号关联起来，通过输入信号对系统进行控制。例如电动机上电、程序启动等。

系统输出：机器人系统的状态信号也可以与数字输出信号关联起来，将系统的状态输出给外围设备做控制之用。例如系统运行模式、程序执行错误等

四、虚拟 I/O 板及 I/O 配置

ABB 虚拟 I/O 板被下挂在虚拟总线 Virtual 下面，每块虚拟 I/O 板可以配置 512 个数字输入和 512 个数字输出，输入和输出分别占用地址是 0 ~ 511。虚拟 I/O 板的作用如同 PLC 的中间继电器，完成信号之间的关联和过渡。在系统中配置虚拟 I/O 板，需要配置表 4 – 1 – 3 所示的四项参数。

表 4 – 1 – 3　虚拟 I/O 板配置参数

参数名称	参数注释	参数名称	参数注释
Name	I/O 单元名称	Connected to Bus	I/O 单元所在总线
Type of Unit	I/O 单元类型	DeviceNet Address	I/O 单元所占用总线地址

配置好虚拟 I/O 板后配置 I/O 信号，这一过程和标准 I/O 配置相同。

 任务实施

分析讨论：

（1）练习弧焊常用 I/O 配置。

（2）如何进行系统 I/O 配置？

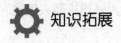

知识拓展

弧焊机器人 I/O 地址及信号设定

1. 焊接机器人标准板卡

弧焊系统通信方式主要采用 ABB 标准的 I/O 板，本次系统中采用 DSQC 651 板卡，挂靠在 DeviceNet 总线上。在使用过程中，要设定该模块在网络中的地址，具体地址主要通过 X5 端子上的 6 – 12 号引脚来进行定义。本系统中选择将 X5 端子的第 8 脚和第 10 脚剪掉，得到该模块的地址是 10。DSQC 651 的主要信号有 2 个模拟量输出（0 ~ 10 V），即 8 路数字输出信号和 8 路数字输入信号。

2. 焊接机器人信号分配

要组成一个弧焊机器人，必须根据 DSQC 651 卡的地址情况进行焊接信号的分配。焊接的主要信号有数字输出信号、模拟输出信号。

3. 弧焊机器人信号的定义及关联

ABB 标准 I/O 板下挂在 DeviceNet 总线上，通过端口 X5 和现场总线 DeviceNet 进行通信。通过 ABB 菜单下控制面板，进行单元设定。broad10 中的设定，需要选取连接板卡 d651、Connect to bus（选择 DeviceNet）、DeviceNet Address（填写地址 10）。这样就可以完成 DSQC 651 在 DeviceNet 总线上的通信设置。

4. 弧焊系统 Signal 定义

（1）模拟输出信号定义：在弧焊系统信号输出的定义中，要求完成信号的定义。通过 ABB 菜单下控制面板—配置—Signal，进行信号设定。在输出信号设定中，需要定义 Type of Signal（定义为 Digital Output）、Assigned to Unit（broad10）、Unit Mapping（Ao10_ 1 地址为 0 ~ 15，Ao10_ 2 地址为 16 – 31）。

（2）数字输出信号定义：通过 ABB 菜单下控制面板—配置—Signal，进行模拟信号设定。在输出信号设定中，需要定义 Type of Signal（定义为 Analog Output）、Assigned to Unit（broad10）、Unit Mapping（Do10_ 5 地址为 37，Do10_ 6 地址为 38，Do10_ 7 地址为 39）。

5. 焊机与机器人信号关联

定义完弧焊系统的数字输出及模拟输出信号后，要求进行信号的关联。将 Do10_ 5 关联到 FeedON，Do10_ 6 关联到 GasON，Do10_ 7 关联到 WeldON。模拟输出 Ao10_ a01 关联到弧焊电压信号 VoltReference，模拟量输出 Ao10_ a02 信号关联到弧焊电压信号 CurrentReference。

任务 2　常用弧焊数据

 任务导入

弧焊机器人是指用于进行自动弧焊的工业机器人。弧焊机器人的组成和原理与点焊机器人基本相同。在 20 世纪 80 年代中期，哈尔滨工业大学的蔡鹤皋、吴林等教授研制出了中国第一台弧焊机器人——华宇 – I 型弧焊机器人。

弧焊机器人主要应用于各类汽车零部件的焊接生产。在该领域,国际大弧焊机器人型工业机器人生产企业主要以向成套装备供应商提供单元产品为主。

弧焊机器人系统基本组成:机器人本体、控制系统、示教器、焊接电源、焊枪、焊接夹具、安全防护设施。系统组成还可根据焊接方法的不同以及具体待焊工件焊接工艺要求的不同等情况,选择性扩展以下装置:送丝机、清枪剪丝装置、冷却水箱、焊剂输送和回收装置(SAW 时)、移动装置、焊接变位机、传感装置、除尘装置等。弧焊机器人可以在计算机的控制下实现连续轨迹控制和点位控制,还可以利用直线插补和圆弧插补功能焊接由直线及圆弧所组成的空间焊缝。弧焊机器人主要有熔化极焊接作业和非熔化极焊接作业两种类型,具有可长期进行焊接作业、保证焊接作业的高生产率、高质量和高稳定性等特点。随着技术的发展,弧焊机器人正向着智能化的方向发展。

 知识链接

弧焊常用程序数据

在弧焊的连续工艺过程中,我们需要根据材质或焊缝的特性来调整焊接电压或电流的大小、焊枪的摆动、摆动的形式和幅度大小等参数。在弧焊机器人系统中用程序数据来控制这些变化的因素。需要设定的三个参数如下。

(一)焊接参数

焊接参数(WeldData)是用来控制在焊接过程中机器人的焊接速度,以及焊机输出的电压和电流的大小。需要设定的参数见表 4 – 1 – 4。

表 4 – 1 – 4　焊接参数

参数名称	参数注释	参数名称	参数注释
Weld_speed	焊接速度	Current	焊接电流
Voltage	焊接电压		

(二)起弧收弧参数

起弧收弧参数(Seamdata)是控制焊接开始前和结束后的吹保护气的时间长度,以保证焊接时的稳定性和焊缝的完整性。需要设定的参数见表 4 – 1 – 5。

(三)摆弧参数

摆弧参数(WeaveData)是控制机器人在焊接过程中对焊枪的摆动,通常在焊缝的宽度超过焊丝直径较多的时候通过焊枪的摆动去填充焊缝。该参数属于可选项,如果焊缝宽度较小,在机器人线性焊接可以满足的情况下可不选用该参数。需要设定的参数见表 4 – 1 – 6。

表 4 – 1 – 5　起弧收弧参数

参数名称	参数注释	参数名称	参数注释
Purge_time	清枪吹气时间	Postflow_time	尾气吹气时间
Preflow_time	预吹气时间		

表 4-1-6　摆弧参数

参数名称	参数注释	参数名称	参数注释
Weave_shape	摆动的形状	Weave_width	摆动的宽度
Weave_type	摆动的模式	Weave_height	摆动的高度
Weave_length	一个周期前进的距离		

任务实施

分析讨论：

（1）简述常用的弧焊数据。

（2）如何进行起弧收弧参数的设定？

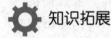
知识拓展

焊接参数 SpeedData

SpeedData 表示焊接速度，在焊机指令应用中应对其进行设置；通过单击程序数据—视图—全部数据，选择 SpeedData；单击"新建"，更改名称。更改完成后单击"确认"。单击新建的变量，修改 v_tcp 速度为 8，其他为默认。

任务3　焊枪及清枪机构的使用

任务导入

我国电焊机行业经过 40 多年的发展，目前已形成一批有一定规模的企业，其生产的产品主要包括：手工电弧焊机、电阻焊机、半自动弧焊机、特种焊机以及各类专用成套焊接设备和焊装生产线，可以基本满足国民经济的需求。

焊机的不断发展，使我们生活高质量发展，人民生活水平不断提高，但是焊机的焊枪清理是一件比较麻烦的事情。为了解决这个问题，使焊枪的清理更加方便，本任务设计了焊机焊枪的自动清理机构——清枪机（图 4-1-1），使其基于气体传动的原理，利用气体的控制机构、执行机构、辅助机构等完成整个清枪的过程，主要工作有焊枪焊渣的清理工作、电动机的旋转及升起、气体的供应、清渣的收集、硅油的喷射等。

图 4-1-1　清枪机

知识链接

一、焊枪基本概述

焊枪是指焊接过程中执行焊接操作的部分，是用于气焊的工具，形状像枪，前端有喷嘴，将喷出高温火焰作为热源。它使用灵活，方便快捷，工艺简单。焊枪是热风焊接的主要设备之一，由加热元件、喷嘴等组成。按其结构有气焊枪、电焊枪、快速焊枪和自动焊枪之分。气焊枪利用可燃气体（氢或乙炔与空气的混合物）的燃烧，加热蛇管，使送入蛇管中的压缩空气被加热到所需温度。送入或送出的空气量由旋塞调节。电焊枪的加热装置由陶瓷槽管及其中的电热丝组成，焊接的速度随喷嘴结构的不同而不同。快速焊枪是改进焊枪喷嘴的结构而成的。

焊枪用于夹持螺柱、提升螺柱（引燃电弧）、下压螺柱，传输焊接电流。焊枪附件还有支撑架，保证螺柱与工件表面垂直。当螺柱的直径变化时，需要更换相应直径的螺柱夹头，调节支撑架与焊枪之间的连接杆伸出长度，适应不同长度的螺柱。焊枪提升、下压电极（螺柱）的动作是由电磁线圈、铁芯、弹簧三个主要元件完成的。

辅助气体保护药芯焊丝电弧焊所用的焊枪与熔化极气体保护电弧焊所用的焊枪相似。焊枪有多种规格，适用于自动与半自动焊的焊枪有空冷式与水冷式。虽然保护气体通过焊枪时很凉，对焊枪有冷却作用，但是空冷式焊枪依靠将热量散发于周围的空气中进行冷却。我们主要根据焊接电流与所用的保护气体来选用焊枪。如果电流为 500 A 或更大些，则一般使用水冷式焊枪。所用焊接电流小于 500 A 时，有些焊工还是喜欢用水冷式焊枪。

二、焊枪的分类

根据送丝方式的不同，焊枪可分成拉丝式焊枪和推丝式焊枪两类。

（一）拉丝式焊枪

拉丝式焊枪的主要特点是送丝速率均匀稳定，活动范围大，但是由于送丝机构和焊丝都被装在焊枪上，所以焊枪的结构比较复杂、笨重，只能使用直径为 0.5 ~ 0.8 mm 的细焊进行焊接。

（二）推丝式焊枪

推丝式焊枪结构简单、操作灵活，但焊丝经过软管时会受到较大的摩擦阻力，只能采用直径为 1 mm 以上的焊丝进行焊接。这种焊枪按形状不同，可分为鹅颈式焊枪和手枪式焊枪两种。

1. 鹅颈式焊枪

鹅颈式焊枪结构图 4 - 1 - 2 所示。这种焊枪形似鹅颈，应用较为广泛，用于平焊位置时很方便。

典型的鹅颈式焊枪主要包括喷嘴、焊丝嘴、导管电缆等元件。

（1）喷嘴。其内孔形状和直径的大小将直接影响气体的保护效果，要求从喷嘴中喷出的气体为上小下大的尖头圆锥体，均匀地覆盖在熔池表面。喷嘴内孔的直径为 16 ~ 22 mm，不应小于 12 mm。为节约保护气体，便于观察熔池，喷嘴直径不宜太大。我们常用纯（紫）铜或陶瓷材料制造喷嘴。为降低其内外表面的粗糙度值，要求在纯铜喷嘴的表面镀上一层铬，这样做可同时提高其表面硬度。喷嘴以圆柱形较好，也可做成上大下小的圆锥形。焊接前，最好在喷嘴的内外表面上喷一层防飞溅喷剂，或刷一层硅油，便于清除黏附在喷嘴上的飞溅物并延长喷嘴使用寿命。

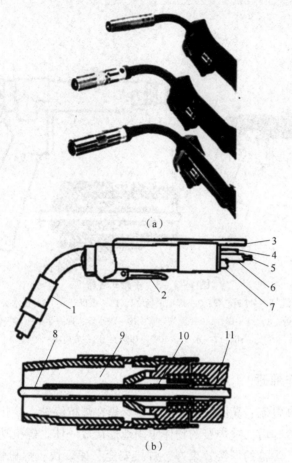

图 4 - 1 - 2　鹅颈式焊枪

(a) 外形；(b) 结构

1—喷嘴；2—杠杆开关；3—导管电缆；4—气体导管；5，8—焊丝；6，11—送丝导管；

7—功率输入；9—保护气体；10—焊丝嘴

（2）焊丝嘴又称导电嘴，它常用纯铜和铬青铜制造。为保证良好的导电性能，减小送丝阻力和保证对准中心，焊丝嘴的内孔直径必须按焊丝直径选取，孔径太小，送丝阻力大；孔径太大，则送出的焊丝端部摆动严重，造成焊缝不直，保护性能也不好。通常焊丝嘴的孔径比焊丝直径大 0.2 mm 左右。

（3）导管电缆。导管电缆由弹簧软管、内绝缘套管和控制线组成。外面为橡胶绝缘管，内有弹簧软管、纯铜导电电缆、保护气管和控制线。常用的标准长度是 3 m，若根据需要，可采用 6 m 长的导管电缆。

2. 手枪式焊枪

手枪式焊枪如图 4 - 1 - 3 所示。这种焊枪形似手枪，用来焊接除水平面以外的空间焊缝。焊接电流较小时，焊枪采用自然冷却；焊接电流较大时，焊枪采用水冷式焊枪。

水冷式焊枪的冷却水系统由水箱、水泵、冷却水管和水压开关组成。水箱里的冷却水经水泵流经冷却水管，经过水压开关后流入焊枪，然后经冷却水管再流回水箱，形成冷却水循环。水压开关的作用是保证冷却水只有流经焊枪，才能正常启动焊接，保护焊枪。

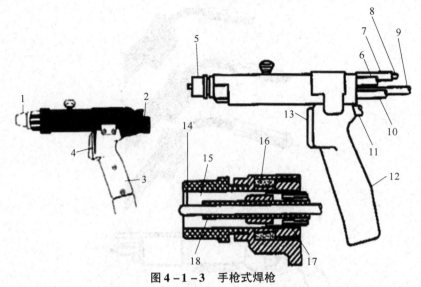

图 4 – 1 – 3   手枪式焊枪

1，5—喷嘴；2，11—控制电缆；3—焊把手柄；4，13—扳机开关；6—出水管和电源输入；

7—送丝导管；8，14—焊丝；9—送气导管；10—进水管；12—手柄；15—保护气体；

16，17—水（导电嘴冷却剂）；18—导电嘴

三、焊枪的工作原理

焊枪利用焊机的高电流、高电压产生的热量聚集在焊枪终端，熔化焊丝，熔化的焊丝渗透到需焊接的部位，冷却后，被焊接的物体牢固地连接成一体。焊枪功率的大小，取决于焊机的功率和焊接材质。焊枪的焊接效果好、焊接安全、速度快，焊枪性能可靠、维护简单、调整方便、不用电、节约钢材、设备投资小。焊枪气压焊能够轻松完成闪光焊和电渣焊两套设备的焊接工作，且质量和效益优于后两套设备。

工作注意事项如下：

（1）焊枪插电后，绝对不要去触碰枪头，一不小心碰到绝对会烫伤起水泡，需赶快冲水。

（2）焊枪头使用久了会有杂物，需用擦拭布清理，使其保持清洁。

（3）焊枪置于焊枪架时，依然需小心，别触碰到架旁的物体。

（4）焊枪使用完毕，需拔掉插头，等待 10 min，冷却后才可收起来。

四、清枪机的使用

在焊接过程中可以利用清枪机（图 4 – 1 – 4）清理焊渣，使用剪丝机去掉焊丝的球头，以保证焊接过程顺利进行，减少人为的干预，让整个自动化焊接工作站流畅运转。使用最简单的控制原理，用输出信号控制对应动作的启动停止。

 任务实施

分析讨论：

（1）简述焊枪的工作原理。

（2）如何进行清枪机解压并初始化？

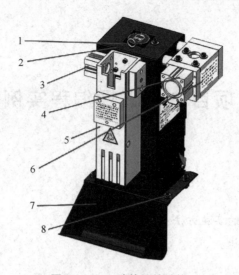

图 4 - 1 - 4　清枪机的结构

1—吊环；2—壳体；3—夹枪气缸；4—剪丝气缸；5—清枪与喷雾腔；
6—剪丝机；7—接渣盒；8—固定螺栓

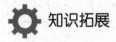 知识拓展

典型焊接机器人工作站还可能配有的设备

1. 焊接电源

熔化极气体保护焊设备使用的电源有直流和脉冲两种，一般不使用交流电源。通常采用的直流电源有：磁放大器式弧焊整流器、晶闸管弧焊整流器、晶体管式和逆变式等几种。

利用细焊丝（直径小于 1.6 mm）焊接低碳钢、低合金钢及不锈钢时，一般采用平特性或缓降特性电源；利用亚射流过渡工艺焊接铝及铝合金时，一般采用恒流特性的电源；采用粗焊丝（直径大于 3.0 mm）进行熔化极气体保护焊焊接时，一般采用陡降特性或垂直特性电源。

2. 送丝机构

送丝机构是专门向焊枪供给焊丝的，在机器人焊接中主要采用推丝式单滚轮送丝方式。即在焊丝绕线架一侧设置传选焊丝滚轮，然后通过导管向焊枪传送焊丝。在铝合金的 MIG 焊接中，由于焊丝比较柔软，所以在开始焊接时或焊接过程中焊丝在滚轮处会发生扭曲现象，为了克服这一难点，采取了各种措施。

3. 焊接变位机

用来拖动待焊工件，使其待焊焊缝运动至理想位置进行施焊作业的设备，称为焊接变位机。也就是说，把工件装夹在一个设备上，进行施焊作业。焊件待焊焊缝的初始位置可能处于空间任一方位。通过回转变位运动后，使任一方位的待焊焊缝变为船角焊、平焊或者平角施焊作业，它改变了可能需要立焊、仰焊等难以保证焊接质量的施焊操作，从而保证了焊接质量，提高了焊接生产率和生产过程的安全性。

4. 焊接供气系统

熔化极气体保护焊要求可靠的气体保护，焊接供气系统的作用就是保证纯度合格的保护气体在焊接时以适宜的流量平稳地从焊枪喷嘴喷出。

项目二　弧焊编程实例

项目目标

➢ 了解弧焊常用指令；
➢ 熟悉弧焊应用任务的实施方法；
➢ 掌握弧焊编程的方法。

任务列表

学习任务	知识点	能力要求
任务 1　弧焊应用任务实施	任务实施	熟悉应用任务实施方法
任务 2　弧焊编程常用指令	编程指令	掌握编程指令及方法

任务 1　弧焊应用任务实施

任务导入

　　焊接机器人是从事焊接（包括切割与喷涂）的工业机器人。根据国际标准化组织（International Organization for Standardization，ISO）工业机器人的定义可知，工业机器人是一种多用途的、可重复编程的自动控制操作机（Manipulator），具有三个或更多可编程的轴，用于工业自动化领域。为了适应不同的用途，机器人最后一个轴的机械接口，通常是一个连接法兰，可接装不同工具，其被称为末轴法兰或末端执行器。焊接机器人就是在工业机器人的末轴法兰装接焊钳或焊（割）枪，使之能进行焊接、切割或喷涂等工作。

　　随着电子技术、计算机技术、数控及机器人技术的发展，自动焊接机器人从 20 世纪 60 年代开始投入生产以来，其技术已日益成熟，主要有以下优点：

　　（1）稳定和提高焊接质量，能将焊接质量以数值的形式反映出来。

　　（2）提高劳动生产率。

　　（3）降低工人劳动强度，可在有害环境下工作。

　　（4）降低对工人操作技术的要求。

　　（5）缩短产品改型换代的准备周期，减少相应的设备投资。

　　因此，在各行各业焊接机器人已得到广泛的应用。

　　点焊对焊接机器人的要求不是很高。因为点焊只需点位控制，对焊钳在点与点之间的移动轨迹没有严格要求，这也是机器人最早只能用于点焊的原因。点焊用机器人不仅要有足够的负载能力，而且要在点与点之间移位快捷，动作要平稳，定位要准确，以减少移位的时间，提高工作效率。点焊用机器人需要有多大的负载能力，取决于所用的焊钳形式。对于用于变压器分离的焊钳，负载能力为 30～45 kg 的机器人就足够了。但是，这种焊钳一方面由于二次电缆线长，电能损耗大，且也不利于机器人将焊钳伸入工件内部焊接；另一方面电缆线随机器人运动而不停摆动，电缆的损坏较快。因此，目前逐渐采用一体式焊钳。这种焊钳连同变压器质量在 70 kg 左右。考虑到机器人要有足够的负载能力，能以较大的加速度将焊钳送到空间位置进行焊接，一般都选用负载能力为 100～150 kg 的重型机器人。为了适应连续点焊时焊钳短距离快速移位的要求，新的重型机器人增加了可在 0.3 s 内完成 50 mm 位移的功能。这对电动机的性能、微机的运算速度和算法都提出了更高的要求。

 知识链接

一、解压并初始化

双击压缩包文件 "ST_ArcWelding. rspag"（图 4 - 2 - 1），根据解压向导解压该工作站。

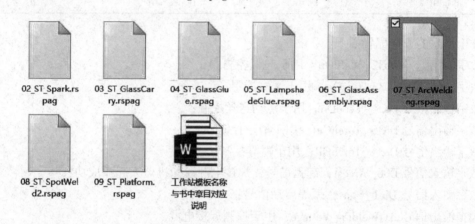

02_ST_Spark.rspag　　03_ST_GlassCarry.rspag　　04_ST_GlassGlue.rspag　　05_ST_LampshadeGlue.rspag　　06_ST_GlassAssembly.rspag　　07_ST_ArcWelding.rspag

08_ST_SpotWeld2.rspag　　09_ST_Platform.rspag　　工作站模板名称与书中章目对应说明

图 4 - 2 - 1　工作站打包文件

完成解压后，进行仿真运行，如图 4 - 2 - 2 所示。

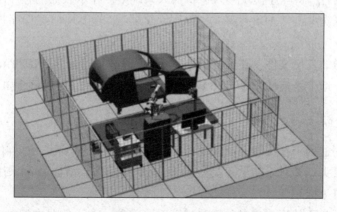

图 4 - 2 - 2　仿真运行

首次执行程序时，会立即执行清枪任务，随后机器人停止运动，等待焊接启动信号。操作者可通过人为仿真启动信号，在"I/O 仿真器"的工作站信号中找到信号"AW_Start"。

在机器人开始执行弧焊任务时，工作站中简单模拟了一条焊缝的焊接。焊缝效果占用较大的系统内存，为保证系统运行流畅，在设置弧焊动画效果时，只将其设为仿真状态下临时显示。当仿真停止后，会自动清除此动画。在仿真过程中出现卡顿，属于正常现象。

二、I/O 配置

在"控制器"菜单中打开虚拟"示教器"，将界面语言改为中文，然后依次单击"ABB菜单""控制面板""配置"，进入"I/O 主题"，配置 I/O 信号。

此工作站配置了 1 个 DSQC651 通信板卡（数字量 8 进 8 出，2 个模拟量输出），需要在 Unit 中配置此 I/O 单元的相关参数，配置情况见表 4 – 2 – 1。

表 4 – 2 – 1　Unit 单元参数配置

Name	Type of Unit	Connected to Bus	DeviceNet Address
Board10	D651	DeviceNet 1	10

此工作站的 I/O 配置如下：

数字输出信号 Do32_WeldOn，用于起弧控制；

数字输出信号 Do33_GasOn，用于送气控制；

数字输出信号 Do34_FeedOn，用于点动送丝控制；

数字输出信号 Do35_TorchCut，用于剪丝控制；

数字输出信号 Do36_TorchOil，用于喷雾控制；

数字输入信号 DOO_Arcest，起弧信号，焊接电源通知机器人起弧成功；

数字输入信号 Dio1_Start，弧焊启动信号；

模拟输出信号 AOWelding Voltage，用于控制焊接电源。

三、程序模块导入

I/O 配置完成后，将程序模块导入该机器人系统中，在示教器的程序编辑器中可进行程序模块的加载，依次单击"ABB 菜单""程序编辑器"。若出现加载程序提示框，暂时单击"取消"。

浏览至之前做的备份文件，路径一般为：……/备份文件名 RAPID/TASK1/PROGMOD。加载完成后，选中该模块，单击"显示例行程序"，便可查看到对应的程序。

四、坐标系标定

在轨迹类应用过程中，机器人所使用的工具多数为不规则形状，这样的工具很难用测量的方法计算出工具尖点相对于初始工具坐标系 tool0 的偏移，所以通常采用特殊的标定方法来定义新建的工具坐标系。

在标定之前，先要估算该工具的重量以及重心偏移，在示教器中编辑工具数据 tGripper，确认关于 load 方面的各项数值。此处，针对工具负载的参数估算数值，例如重量为 1 kg、重

心 X 偏移为1。在实际的工程应用中，关于工具重心及偏移的设置通常采用系统例行程序 LoadIdentify 来自动标定，负载标定方法可参考 www. Robotpartner. cn/abb 网站中对应的视频教程。

任务实施

分析讨论：

（1）如何进行解压并初始化及 I/O 配置？

（2）请分析坐标系如何设置。

知识拓展

在安川机器人控制系统 DX100 上，弧焊基本控制板的规格为 JANCD – YEW01 – E，它和弧焊机连接的 DI/DO 信号一般为系统专用 DI/DO，它们直接由机器人作业命令和 PLC 程序进行控制，通常不能通过机器人程序中的输入/输出命令对其进行编程。代号及 PLC 地址如下。

气压不足：GASOF，PLC 地址 22550，焊机输入，信号 ON，保护气体压力不足。

焊丝断：WIRCUT，PLC 地址 22551，焊机输入，信号 ON，焊丝断。

弧焊关闭：ARCOFF，PLC 地址 22552，焊机输入，信号 ON，弧焊关闭。

弧焊启动：ARCACT，PLC 地址 22553，焊机输入，信号 ON，弧焊启动。

粘丝：STICK，PLC 地址 22554，焊机输入，信号 ON，粘丝。

焊接电压输入：AI – CH1，焊接电压检测输入。

焊接电流输入：AI – CH2，焊接电流检测输入。

弧焊启动：ARCON，PLC 地址 32551，系统输出，信号 ON，启动弧焊。

送丝：WIRINCH，PLC 地址 32552，系统输出，信号 ON，送丝。

退丝：WIRBACK，PLC 地址 32553，系统输出，信号 ON，退丝。

搜寻：SEARCH，PLC 地址 32554，系统输出，信号 ON，焊缝搜寻。

气体输出：GASON，PLC 地址 32555，系统输出，信号 ON，输出保护气体。

焊接电压输出：AO – CH1，系统输出，焊接电压指令。

焊接电流输出：AO – CH2，系统输出，焊接电流指令。

任务 2　弧焊编程常用指令

任务导入

世界上有超过 1 500 种编程语言，下面介绍几种常用的编程语言。

BASIC 和 Pascal 是工业机器人语言的基础。BASIC 是为初学者设计的（它代表初学者通用符号指令代码），这使它成为一种入门级编程语言。Pascal 旨在鼓励良好的编程习惯，并介绍构造。这两种语言都有点过时，但是，如果要进行大量的低级编码，或者想要熟悉其他工业机器人语言，可以学习它们。

工业机器人语言，几乎每个机器人制造商都开发了自己的专有机器人编程语言。使用者可以通过学习 Pascal 熟悉其中的几个，但是，当每次开始使用新的机器人时，仍然需要学习新的语言。

ABB 使用 RAPID 编程语言，Kuka 使用 KRL（Kuka Robot Language），Comau 使用 PDL2，安川使用 INFORM，川崎使用 AS。FANUC 机器人使用 Karel，Stubli 机器人使用 VAL3，Universal Robots 使用 URScript。

近年来，像 ROSIndustrial 这样的编程选项开始为程序员提供更多的标准化选项。如果你是技术人员，就更有可能使用制造商的语言。

最后，我们学习机器人技术的第一编程语言。许多人都同意 C 和 C++ 是新机器人的好起点，因为很多硬件库都使用这些语言。它们允许与低级硬件进行交互，具有实时性能，是非常成熟的编程语言。

C++ 基本上是 C 的扩展。首先学习一点 C 可能是有用的，我们可以在找到以 C 编写的硬件库时识别它。C/C++ 并不像以前那样简单，比如 Python 或者 MATLAB。使用 C 实现相同的功能可能需要相当长的时间，并且需要更多的代码行。然而，由于机器人非常依赖于实时性能，机器人语言的产生和发展是与机器人技术的发展以及计算机编程语言的发展紧密相关的。编程语言的核心问题是操作运动控制问题。

机器人编程语言是机器人运动和控制问题的结合点，也是机器人系统最关键的问题之一。当前实用的工业机器人常为离线编程或示教，在调试阶段可以通过示教控制盒对编译好的程序一步一步地运行，调试成功后可投入正式运行（图 4-2-3）。

图 4-2-3 机器人编程调试

 知识链接

一、程序结构

当一个工件上分布有几条焊缝时，焊接顺序将直接影响焊接质量。此外，焊缝的焊接参

数往往也各不相同，因此在逻辑上，将每条焊缝的焊接过程分别封装为独立的子程序，在路径规划子程序的支持下，可按工艺施工情况在主程序中以任何次序调用。如果要更换或增添夹具，同样可编写独立的子程序，分配独立的焊接参数，单独进行工艺实验，最后通过修改人机接口、路径规划子程序、主程序及其他辅助程序（如辅助焊点子程序），使得新编的子程序能集成到原有的程序中。

综上所述，每条焊缝的焊接过程由相应的子程序完成，并与其他辅助程序在主程序的协调下，实现焊接系统的各项功能。要增减焊缝，只需增减焊接子程序并相应修改辅助程序。

二、弧焊指令

弧焊指令的基本功能与普通 Move 指令一样，要实现运动及定位，但另外还包括三个参数：Seam，Weld，Weave（图 4 - 2 - 4）。

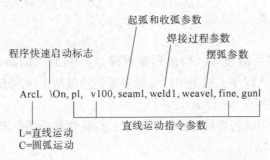

图 4 - 2 - 4　Seam，Weld，Weave 三个参数结构

ArcL（ArcC）：焊接指令关键字，类似于 MoveL（MoveC）。

\On：可选参数，令焊接系统在该语句的目标点到达之前，依照 Seam 参数中的定义，预先启动保护气体，同时将焊接参数进行数模转换，并送往焊机。（\Off：可选参数，令焊接系统在该语句的目标点到达之时，依照 Seam 参数中的定义，结束焊接过程。）

pl：目标点的位置，同普通的 Move 指令。

v100：单步（FWD）运行时，TCP 的速度。在焊接过程中被 Weld_speed 所取代。

Seam1：Seamdata，弧焊参数的一种，定义了起弧和收弧时的焊接参数，通常有 Purge_time，定义了保护气管路的预充气时间；Preflow_time，定义了保护气体的预吹气时间。Back_time，定义了收弧时焊丝的回烧量；Postflow_time，定义了收弧时为防止焊氧化而进行的保护气体的吹气时间。

Weld1：Welddata，焊接参数的一种，定义了焊缝的焊接参数。Weld_speed 定义了焊缝的焊接速度，单位是 mm/s；Weld_voltage 定义了焊缝的焊接电压，单位是 V。Weld_wirefeed 定义了焊接时送丝系统的送丝速度，单位是 m/min。

Weave1：Weavedata，焊接参数的一种，定义了焊缝的摆焊参数。Weave_shape 定义了摆动类型：0，无摆动。1，平面锯齿形摆动。2，空间 V 字形摆动。3，空间三角形摆动。Weave_type，定义了机器人实现摆动的方式：0，机器人所有的轴均参与摆动。1，仅手腕参与摆动。Weave_length，定义了摆动一个周期的长度。Weave_width，定义了摆动一个周期的宽度。Weave_height，定义了空间摆动一个周期的高度。

fine：Zonedata，同普通的 Move 指令，但焊接指令中一般用 fine。

gun1：Tooldata，同普通的 Move 指令，定义了焊枪的 TCP 等参数。

三、定义弧焊参数

打开编程窗口，View：Data Types。

选择想要定义的 Seamdata，Welddata 或 Weavedata，按下"回车"。按下功能键"New"。如果要修改变量名，就先用光标选中变量，然后按下"回车"并输入新名字。如果想将焊接参数定义到当前模块之外，就选中 In Module 域，按下"回车"后另选其他模块。用切换键将光标移到窗口下部，用光标选中焊接参数中的各属性，即可直接用数字键修改。最后按"OK"功能键确认并结束定义。

四、编写弧焊指令

操作机器人定位到所需位置。切换到编程窗口，IPL1：Motion&Process。选择 ArcL 或 ArcC。指令将被直接加入程序，指令中的焊接参数仍然保持上一次编程时的设定。

（1）线性焊接开始指令 ArcLStart。

ArcLStart 用于直线焊缝的焊接开始，工具中心点线性移动到指定目标位置，整个焊接过程通过参数监控。程序如下：

```
ArcLStart p1,v100,seam1,weld5,fine,gun1;
```

（2）线性焊接指令 ArcL。

ArcL 用于直线焊缝的焊接，工具中心点线性移动到指定目标位置，焊接过程通过参数控制。程序如下：

```
ArcL *,v100,seam1,weld5 \Weave: = Weave1,z10,gun1;
```

（3）线性焊接结束指令 ArcLEnd。

ArcLEnd 用于直线焊缝的焊接结束，工具中心点线性移动到指定目标位置，整个焊接过程通过参数监控。程序如下：

```
ArcLEnd p2,v100,seam1,weld5,fine,gun1;
```

（4）圆弧焊接开始指令 ArcCStart。

ArcCStart 用于圆弧焊缝的焊接开始，工具中心点圆周运动到指定目标位置，整个焊接过程通过参数监控。程序如下：

```
ArcCStart p1,p2,v100,seam1,weld5,fine,gun1;
```

（5）圆弧焊接指令 ArcC。

ArcC 用于圆弧焊缝的焊接，工具中心点线性移动到指定目标位置，焊接过程通过参数控制。程序如下：

```
ArcC *,*,v100,seam1,weld1 \Weave: = Weave1,z10,gun1;
```

（6）圆弧焊接结束指令 ArcCEnd。

ArcCEnd 用于圆弧焊缝的焊接结束，工具中心点圆周运动到指定目标位置，整个焊接过程通过参数监控。程序如下：

```
ArcCEnd p2,p3,v100,seam1,weld5,fine,gun1;
```

任务实施

分析讨论：

（1）请简述弧焊指令。

（2）请用你学过的弧焊指令编写一段小程序。

知识拓展

安川机器人的弧焊启动命令 ARCON 有"通过添加项指定条件""使用引弧条件文件""ARCON 单独使用"三种编程方式。

1. 通过添加项指定条件

编程格式如下：

ARCON AC = 200 AV = 16. 0 T = 0. 50 V = 60 RETRY REPLAY

AC = 200：焊接电流设定为 200 A，可通过用户变量 B/I/D 或局部变量 LB/LI/LD 设定焊接电流值，允许输入范围 1 ~ 999。

AV = 16. 0：焊接电压设定为 16 V，可通过用户变量 B/I/D 或局部变量 LB/LI/LD 设定焊接电压值，也可以是常数，以额定电压倍率形式定义输出电压时用"AVP = ＊＊"，允许范围 0. 1 ~ 50. 0。

T = 0. 50：引弧时间为 0. 5 s，设定机器人在引弧点暂停的时间，变量可以是常数，也可以为整数型用户变量 I 或局部变量 LI，暂停单位时间为 0. 01 s，允许范围 0 ~ 655. 35 s，不需要时可以省略。

V = 60：焊接速度为 60 mm/s，变量可通过用户变量 B/I/D 或局部变量 LB/LI/LD 设定，也可以是常数，单位通常为 0. 01 mm/s，允许输入范围 0. 1 ~ 1 500. 00。

RETRY：再引弧功能生效。该添加项被编程时，可在引弧失败或焊接过程中出现断弧时重新进行引弧或再启动。

REPLAY：再启动模式生效。当添加项 RETRY 被编程时，必须使用本添加项指定再启动模式。

2. 使用引弧条件文件

ARCON ASF# (n)

命令中的 ASF# (n) 为引弧条件文件号，n 的范围为 1 ~ 48。引弧条件文件需要通过系统的示教操作模式在设定菜单中设定。

3. ARCON 单独使用

ARCSET WELD1 AC = 200 AVP = 100 V = 80 AN3 = 12. 00 AN4 = 2. 50

ARCON

WELD1：1 号焊机，此添加项仅用于多焊机系统，单焊机系统通常直接省略，输入允许 1 ~ 8。

AN3/AN4：在使用增强型弧焊控制板 YEW、XEW02 的 DX100 系统上，可以通过模拟量输出通道 CH3/CH4，来实现注入焊接电流/电压的倍率控制、焊接参数辅助控制等功能。

当焊接完成时需要用 ARCOF 命令关闭焊接指令（熄弧）。

工业机器人典型应用——压铸

项目一　压铸机器人工作站基础知识

项目目标

➢ 学会压铸常用 I/O 配置；
➢ 学会压铸取件常用指令；
➢ 学会 World Zones 功能；
➢ 学会 SoftAct 功能。

任务列表

学习任务	知识点	能力要求
任务 1　压铸机器人常用 I/O 配置	机器人的 I/O 配置方法	掌握标准 I/O 板配置、数字 I/O 配置
任务 2　压铸机器人常用指令	机器人常用指令	掌握机器人常用运动指令

任务 1　压铸机器人常用 I/O 配置

任务导入

压铸机具有大量的 I/O 信号通信，故常用的 I/O 板不能够满足要求。

知识链接

一、机器人 Profibus – DP 适配器 I/O 配置

为了满足与压铸机大量的 I/O 信号通信，可以使用 ABB 标准的 Profibus – DP 适配器，下挂在 Profibus 现场总线下的标准 I/O 单元类型为 DP – Slave，最多可支持 64B 输入和 64B 输出（即 512 个数字输入和 512 个数字输出）。定义 Profibus – DP 的 I/O 单元至少需要设置表 5 – 1 – 1 所示的四项参数。

表 5 – 1 – 1　Profibus – DP 的 I/O 单元参数设置名称及含义

参数名称	参数注释	参数名称	参数注释
Name	I/O 单元名称	Connected to Bus	I/O 单元所在总线
Type of Unit	I/O 单元类型	Profibus Address	I/O 单元所占用总线地址

二、数字 I/O 配置

在 I/O 单元上创建一个数字 I/O 信号，至少需要设置表 5 – 1 – 2 所示的四项参数。

表 5 – 1 – 2　I/O 信号参数设置名称及含义

参数名称	参数注释	参数名称	参数注释
Name	I/O 信号名称	Assigned to Unit	I/O 信号所在 I/O 单元
Type of Signal	I/O 信号类型	Unit Mapping	I/O 信号所占用单元地址

三、系统 I/O 配置

系统输入：可以将数字输入信号与机器人系统的控制信号关联起来，通过输入信号对系统进行控制。例如电动机上电、程序启动等。

系统输出：机器人系统的状态信号也可以与数字输出信号关联起来，将系统的状态输出给外围设备做控制之用。例如系统运行模式、程序执行错误等。

四、区域检测（World Zones）的 I/O 信号设定

World Zones 选项是用于设定一个空间直接与 I/O 信号关联起来。在此工作站中，将压铸机开模后的空间进行设定，则机器人进入此空间时，I/O 信号马上变化并与压铸机互锁（这由压铸机 PLC 编程实现），禁止压铸机合模，保证机器人安全。

使用 World Zones 选项时，关联一个数字输出信号，该信号设定时，在一般的设定基础上需要增加表 5 – 1 – 3 所示的一项设定。

表 5 – 1 – 3　增加项

参数名称	参数注释
Access Level	I/O 信号的存储级别

该参数共有以下三种存储级别：

（1）All：最高存储级别，自动状态下可修改。

（2）Default：系统默认级别，在一般情况下使用。

（3）Read Only：只读，在某些特定的情况下使用。

在 World Zones 功能选项中，当机器人进入区域时输出的 I/O 信号为自动设置，不允许人为干预，所以需要将此数字输出信号的存储级别设定为 Read Only。

五、常用 I/O 控制指令

在使用 World Zones 选项时，除了常用的程序数据外，还会用到几种其他程序数据（表 5 – 1 – 4）。

表 5 – 1 – 4　其他程序名称及含义

程序数据名称	程序数据注释	程序数据名称	程序数据注释
Pos	位置数据，不包含姿态	WZstationary	固定的区域参数
Shape Data	形状数据，用来表示区域的形状	WZtemporary	临时的区域参数

任务实施

根据压铸机的工作站要求，设置压铸机器人 I/O 配置与信号。

知识拓展

压铸机器人需要使用区域检测信号设定吗？为什么？

任务 2　压铸机器人常用指令

任务导入

在压铸取件的工作站中，机器人从事的作业属于搬运中的一种，但在取件时有着和其他搬运不同的地方。所以相应地，除了一些常用的基础指令外，在压铸取件的机器人程序中，还会用到一些有针对性的指令。

知识链接

一、SoftAct：软伺服激活指令

SoftAct 软伺服激活指令用于激活任意一个机器人或附加轴的"软"伺服，让轴具有一定的柔性。

SoftAct 指令只能应用在系统的主任务 T_ROB1 中，即使是在 MutiMove 系统中。

指令示例：

```
SoftAct  3,90\Ramp: =150;
SoftAct\MechUnit: =orbit1,1,50\Ramp: =120;
```

指令说明见表 5 - 1 - 5。

表 5 - 1 - 5　指令名称及含义

指令变量名称	说　明	指令变量名称	说　明
[\MechUnit]	机械单元名称	Softness	软化值（0～100%）
Axis	轴名称	Ramp	软化坡度，≥100%

二、SoftDeact：软伺服失效指令

SoftDeact 软伺服失效指令是用来使机械单元软伺服失效的指令，一旦执行该指令，程序中所有机械单元的软伺服将失效。

指令示例：

```
SoftDeact  \Ramp: =150;
```

指令说明：指令 Ramp 表示软化坡度，数值需要≥100%。

三、WZBoxDef：矩形体区域检测设定指令

WZBoxDef 是与 World Zones 相关的应用指令，用在大地坐标系下设定矩形体的区域检测，设定时需要定义该虚拟矩形体的两个对角点，如图5-1-1所示。

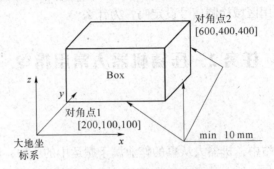

图5-1-1　矩形体区域检测设定指令

指令示例：

```
VAR shapedata volume;
    CONST pos corner1:=[200,100,100];
    CONST pos corner2:=[600,400,400];
    …
WZBoxDef \Inside, volume, corner1, corner2;
```

指令说明见表5-1-6。

表5-1-6　WZBoxDef 指令名称及意义

指令变量名称	说　明	指令变量名称	说　明
[\Inside]	矩形体内部值有效	LowPoint	对角点之一
[\Outside]	矩形体外部值有效，内部值与外部值二者必选其一	HighPoint	对角点之一
Shape	形状参数	—	—
注：两个对角点必须有不同的 X, Y, Z 坐标值。			

四、WZDOSet：区域检测激活输出信号指令

WZDOSet 是 World Zones 相关的指令，用在区域检测被激活时输出设定的数字输出信号，当该指令被执行一次，机器人的工具中心点接触到设定区域检测的边界时，设定好的输出信号将输出一个特定的值。

指令示例：

```
WZDOSet \Temp,service\Inside,volume, do_service,1;
```

指令说明见表5-1-7。

表 5 – 1 – 7　**WZDOSet 指令名称及含义**

指令变量名称	说　明
［\Temp］	开关量，设定为临时的区域检测
［\Stat］	开关量，设定为固定的区域检测，二者选其一
World Zones	WZtemporary 或 WZstationary
［\Inside］	开关量，当工具中心点进入设定区域时的输出信号
［\Before］	开关量，当工具中心点或指定轴无限接近设定区域时的输出信号，其与工具中心点进入设定区域时的输出信号二者选其一
Shape	形状参数
Signal	输出信号名称
SetValue	输出信号设定值

注意：（1）一个区域检测不能被重复设定。

（2）临时的区域检测可以多次激活、失效或删除，但固定的区域检测则不可以。

五、WZCylDef：圆柱体区域检测设定指令

WZCylDef 是选项 World Zones 附带的应用指令，用以在大地坐标系下设定圆柱体的区域检测，设定时需要定义该虚拟圆柱体的底面圆心、圆柱体高度、圆柱体半径三个参数。示例如图 5 – 1 – 2 所示。

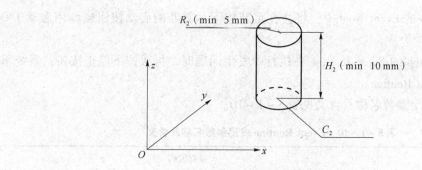

图 5 – 1 – 2　圆柱体区域检测设定指令

指令示例如下：

```
VAR shapedata volume；
CONST pos C2：=[300，200，200]；
CONST num R2：=100；
CONST num H2：=200；
…
WZCy1Def\Inside，volume，C2，R2，H2；
```

指令说明见表 5 – 1 – 8。

表 5 – 1 – 8　WZCy1Def 指令名称及含义

指令变量名称	说　明	指令变量名称	说　明
[\Inside]	圆柱体内部值有效	CenterPoint	底面圆心位置
[\Outside]	圆柱体外部值有效，内部值与外部值二者必选其一	Radius	圆柱体半径
Shape	形状参数	Height	圆柱体高度

六、Event Routine 介绍

当机器人进入某一事件时触发一个或多个设定的例行程序，这样的程序称为 Event Routine，例如可以设定当机器人打开主电源开关时触发一个设定的例行程序。

Event Routine 程序触发条件见表 5 – 1 – 9。

表 5 – 1 – 9　Event Routine 程序触发条件

参数名称	参数说明	参数名称	参数说明
Power On	打开主电源	Stop	程序停止
Start	程序启动	Restart	系统重启

Event Routine 设定注意事项如下：

（1）可以被一个或多个任务触发，且任务之间无须相互等待，只要满足条件即可触发该程序。

（2）关联到 Stop 的 Event Routine，将会在重新按下示教器的启动按钮或调用启动 I/O 时被停止。

（3）当关联到 Stop 的 Event Routine 在执行中发生问题时，再次按下停止按钮，系统将在 10s 后离开该 Event Routine。

Event Routine 设定参数名称及含义见表 5 – 1 – 10。

表 5 – 1 – 10　Event Routine 设定参数名称及含义

参数名称	参数说明
Routine	需要关联的例行程序名称
Event	机器人系统运行的系统事件，如启动停止等
Task	事件程序所在的任务
All Tasks	该事件程序是否在所有任务中执行，YES 或 NO
All Motion Tasks	该事件程序是否在所有单元的所有任务中执行，YES 或 NO
Sequence Number	程序执行的顺序号，0~100，0 最先执行，默认值为 0

Event Routine 设定步骤如下：

（1）根据控制要求编写好例行程序"rPowerON"（图 5 – 1 – 3）。

（2）在控制面板中，选择"Controller"主题（图 5 – 1 – 4）。

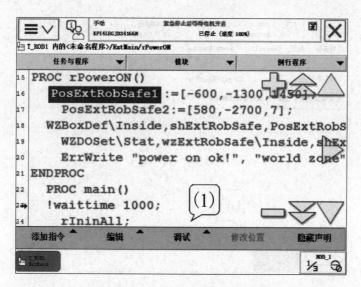

图 5 – 1 – 3　**Event Routine 设定步骤 1**

（3）选择"Event Routine"（图 5 – 1 – 4）。

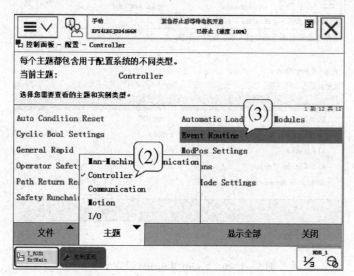

图 5 – 1 – 4　**Event Routine 设定步骤 2**

（4）添加一个"Event Routine"（图 5 – 1 – 5）。

（5）配置完成后，单击"确定"（图 5 – 1 – 6），系统重启后配置生效。

任务实施

练习压铸机器人常用指令。

知识拓展

请列出压铸取件常用指令，并进行说明。

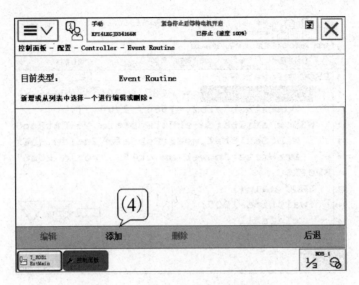

图 5-1-5　Event Routine 设定步骤 3

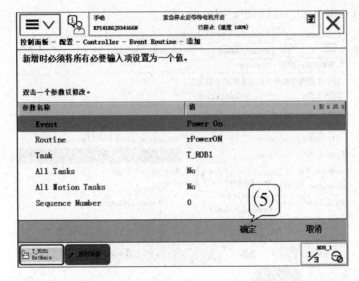

图 5-1-6　Event Routine 设定步骤 4

项目二 压铸机器人案例实施

项目目标

- ➤ 了解工业机器人搬运工作站布局;
- ➤ 学会程序调试;
- ➤ 学会压铸程序编写。

任务列表

	学习任务	知识点	能力要求
任务1	压铸机器人的基本操作	工作站的解包、"I启动"、I/O配置	熟练解压工作站,学会I/O配置
任务2	坐标系及载荷数据设置	创建工具数据、工件坐标系数据、载荷数据	掌握创建工具数据、工件坐标系、载荷数据的方法
任务3	压铸机器人程序解析	导入程序模块、理解程序、修改程序	掌握导入程序模块,理解程序,学会修改程序
任务4	压铸机器人目标点示教	目标点示教方法	掌握目标点示教方法

任务1 压铸机器人的基本操作

任务导入

本工作站以机器人压铸取件为例,工业机器人从压铸机将压铸完成的工件取出进行工件完好性检查,然后放置在冷却台上进行冷却,冷却后放到输出传送带上或放置到废件箱里。

知识链接

一、工作站解包

(1) 双击工作站打包文件:SituationalTeaching_Foundry (6.06.01)(图5-2-1)。

图5-2-1 工作站解包1

（2）点击"下一个 >"按钮（图 5 - 2 - 2）。

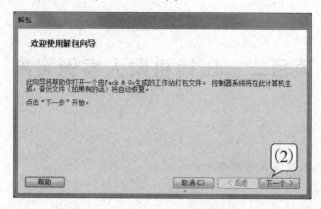

图 5 - 2 - 2　工作站解包 2

（3）单击"浏览…"按钮，选择存放解包文件的目录（图 5 - 2 - 3）。

（4）单击"下一个 >"按钮（图 5 - 2 - 3）。

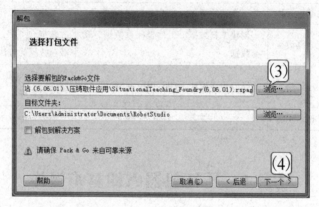

图 5 - 2 - 3　工作站解包 3

（5）机器人系统库指向"MEDIAPOOL"文件夹。选择 RobotWare 版本（要求最低版本为 5.14.02）（图 5 - 2 - 4）。

（6）单击"下一个 >"按钮（图 5 - 2 - 4）。

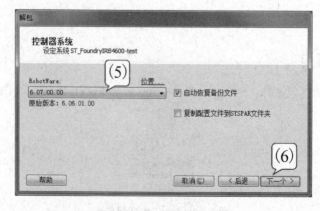

图 5 - 2 - 4　工作站解包 4

（7）解包就绪后，单击"完成（F）"按钮（图5-2-5）。

图5-2-5　工作站解包5

（8）确认后，单击"关闭"按钮（图5-2-6）。

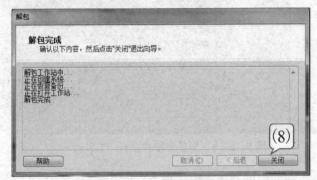

图5-2-6　工作站解包6

（9）解包完成后，在主窗口显示整个搬运工作站（图5-2-7）。

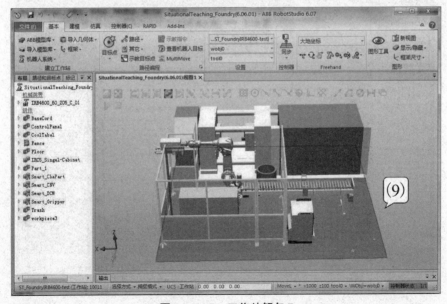

图5-2-7　工作站解包7

二、创建备份并执行"I启动"

现有工作站中已包含创建好的参数以及 RAPID 程序。从零开始练习建立工作站的配置工作，需要先将此系统做一个备份，之后执行"I启动"，将机器人系统恢复到出厂初始状态。

（1）在控制器菜单中打开"备份"，然后单击"创建备份..."（图 5 - 2 - 8）。

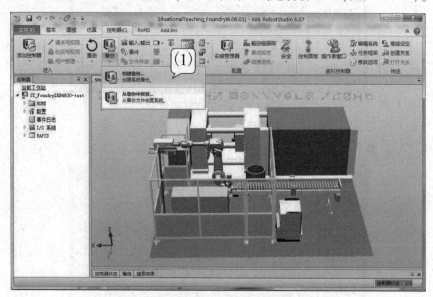

图 5 - 2 - 8　创建备份并执行"I启动"1

（2）为备份命名，并选定保存的位置（图 5 - 2 - 9）。

（3）单击"确定"按钮（图 5 - 2 - 9）。

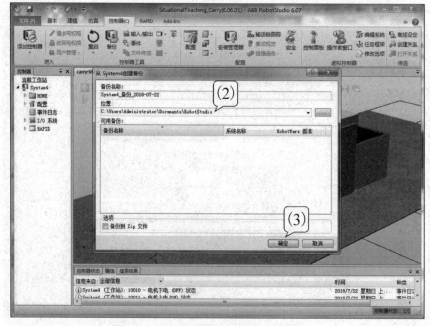

图 5 - 2 - 9　创建备份并执行"I启动"2

（4）在控制器菜单中，单击"重启"，然后选择"重置系统（I启动）（S）"（图5-2-10）。

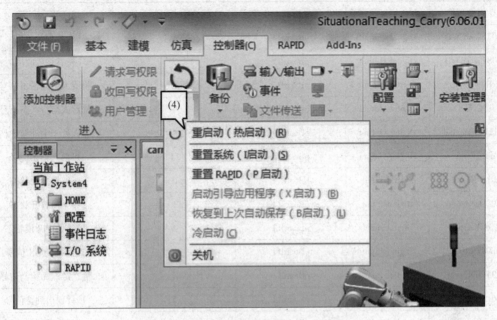

图5-2-10　创建备份并执行"I启动"3

（5）执行"I启动"之后，则完成了工作站的初始化操作。

三、配置 I/O 单元

在虚拟示教器中，根据表5-2-1所示参数配置I/O单元。

表5-2-1　I/O单元配置

I/O信号名称	I/O信号类型	I/O单元所在总线	I/O单元所占用总线地址
pBoard11	DP_SLAVE_FA	Profibus_FA1	11

四、配置 I/O 信号

在虚拟示教器中，根据表5-2-2所示的参数配置I/O信号。

表5-2-2　I/O信号配置

I/O信号名称	I/O信号类型	I/O信号所在I/O单元	I/O信号所占用单元地址	I/O信号注解
do01RobInHome	Digital Output	pBoard11	0	机器人在Home点
do02GripperON	Digital Output	pBoard11	1	夹爪打开
do03GripperOFF	Digital Output	pBoard11	2	夹爪关闭
do04StartDCM	Digital Output	pBoard11	3	允许合模信号
do05RobInDCM	Digital Output	pBoard11	4	机器人在压铸机工作区域中
do06AtPartCheck	Digital Output	pBoard11	5	机器人在检测位置

I/O 信号名称	I/O 信号类型	I/O 信号所在 I/O 单元	I/O 信号所占用单元地址	I/O 信号注解
do07EjectFWD	Digital Output	pBoard11	6	模具顶针顶出
do08EjectBWD	Digital Output	pBoard11	7	模具顶针收回
do09E_Stop	Digital Output	pBoard11	8	机器人急停输出信号
do10CycleOn	Digital Output	pBoard11	9	机器人运行状态信号
do11RobManual	Digital Output	pBoard11	10	机器人处于手动模式信号
do12Error	Digital Output	pBoard11	11	机器人错误信号
di01DCMAuto	Digital Input	pBoard11	0	压铸机自动状态
di02DoorOpen	Digital Input	pBoard11	1	安全门打开状态
di03DieOpen	Digital Input	pBoard11	2	模具处于开模状态
di04PartOK	Digital Input	pBoard11	3	产品检测 OK 信号
di05CnvEmpty	Digital Input	pBoard11	4	输送链产品检测信号
di06LsEjectFWD	Digital Input	pBoard11	5	顶针顶出到位信号
di07LsEjectBWD	Digital Input	pBoard11	6	顶针收回到位信号
di08ResetE_Stop	Digital Input	pBoard11	7	紧急停止复位信号
di09ResetError	Digital Input	pBoard11	8	错误报警复位信号
di10StartAt_Main	Digital Input	pBoard11	9	从主程序开始信号
di11MotorOn	Digital Input	pBoard11	10	电动机上电输入信号
di12Start	Digital Input	pBoard11	11	启动信号
di13Stop	Digital Input	pBoard11	12	停止信号

五、配置系统输入/输出信号

在虚拟示教器中，根据以下参数配置系统输入/输出信号。系统输入参数如表 5 - 2 - 3 所示，系统输出参数如表 5 - 2 - 4 所示。

表 5 - 2 - 3　系统输入参数

信号名称	动作	Argument1	系统输入注解
di08ResetE_Stop	Reset Emergency Stop	无	急停复位
di09ResetError	Reset Execution Error	无	报警状态恢复
di10StartAt_Main	Start at Main	Continuous	从主程序启动
di11MotorOn	Motors On	无	电动机上电
di12Start	Start	Continuous	程序启动
di13Stop	Stop	无	程序停止

表 5 – 2 – 4　系统输出参数

信号名称	状态	系统输出注解
do09E_Stop	Emergency Stop	急停状态输出
do10CycleOn	CycleOn	自动循环状态输出
do12Error	Execution Error	报警状态输出

六、区域检测设置

将压铸机开模的区域设定为与机器人的互锁区域，当机器人获得压铸机的请求，进入开模区域进行取件时，输出信号 do05RobInDCM 会从"1"变为"0"，这时压铸机与机器人互锁，不能进行开/合模的操作。

（1）将开模区域设定为互锁区域（图 5 – 2 – 11）。

图 5 – 2 – 11　区域检测设置 1

（2）再次确认 do05RobInDCM 的参数设定，详情请参考 I/O 信号配置部分（图 5 – 2 – 12）。

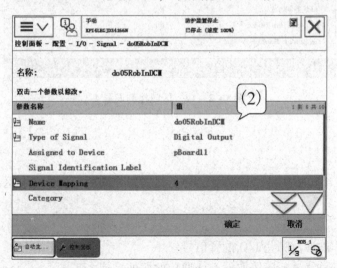

图 5 – 2 – 12　区域检测设置 2

编写好干涉区域设定程序。

（3）根据实际情况定义互锁区域，编写例行程序 rPowerON（图 5 - 2 - 13）。

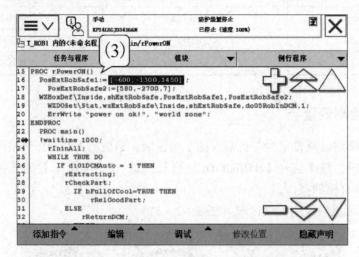

图 5 - 2 - 13　区域检测设置 3

（4）Event Routine 设定：将例行程序 rPowerON 关联到系统事件 Power On；设定好后，当机器人通电时，程序 rPowerON 即被执行一次，安全区域设定生效（图 5 - 2 - 14）。

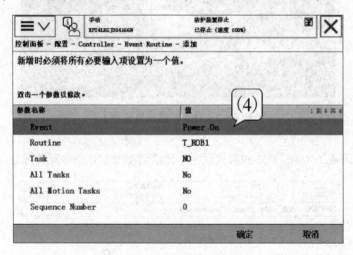

图 5 - 2 - 14　区域检测设置 4

 任务实施

解压工作站压缩包，执行"I 启动"，进行压铸工作站的 I/O 配置及区域检测设置。

知识拓展

（1）压铸工作站涉及哪些 I/O 配置信号？

（2）使用现场总线进行压铸取件 I/O 通信的好处是什么？

任务 2　坐标系及载荷数据设置

 任务导入

根据压铸机器人工作特点，理解压铸机器人工具坐标系设定方法。创建工作站工件坐标系、创建工件坐标系数据。

 知识链接

一、创建工具数据

在虚拟示教器中，根据表 5 - 2 - 5 所示的参数设定工具数据 tGripper。

表 5 - 2 - 5　工具数据配置

参数名称	参数数值
robothold	TRUE
trans	
X	179.2
Y	- 62.8
Z	676
rot	
q_1	1
q_2	0
q_3	0
q_4	0
mass	15
cog	
X	0
Y	0
Z	400
其余参数均为默认值	

示例如图 5 - 2 - 15 所示。

压铸夹具工具数据设定要点：

（1）压铸取件的工具中心点一般被设定在靠近夹爪中心的位置。

（2）方向与夹爪表面平行或垂直。

（3）工具重量和重心位置应设定准确。

二、创建工件坐标系数据

在本工作站中，工件坐标系有两个：一个是压铸机的工件坐标系 wobjDCM；另一个是冷

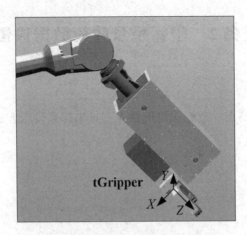

图 5 – 2 – 15　创建工具数据

却台的工件坐标系 wobjCool。

　　在本工作站中，工件坐标系均采用用户 3 点示教法创建。在虚拟示教器中，根据图 5 – 2 – 16、图 5 – 2 – 17 所示的位置设定工件坐标。wobjDCM 方向单开设定如图 5 – 2 – 16 所示，wobjCool 方向参考设定如图 5 – 2 – 17 所示。

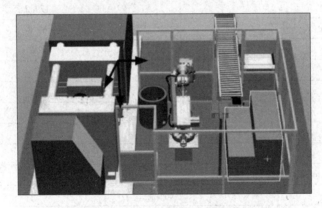

图 5 – 2 – 16　压铸机的工件坐标系

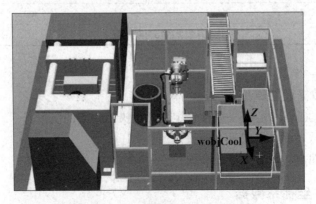

图 5 – 2 – 17　冷却台的工件坐标系

三、创建载荷数据

在虚拟示教器中，根据图 5 - 2 - 18 设定载荷数据 LoadPart。

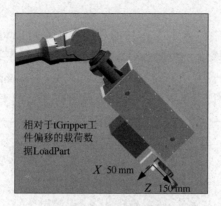

图 5 - 2 - 18 载荷数据

载荷数据配置如表 5 - 2 - 6 所示。

表 5 - 2 - 6 载荷数据配置

参数名称	参数数值
mass	5
cog	
X	50
Y	0
Z	150
其余参数均为默认值	

 任务实施

请根据实际工作要求，创建压铸机器人工具数据，正确创建工件坐标系数据以及载荷数据。

 知识拓展

设定压铸夹具工具数据要注意什么？

任务3 压铸机器人程序解析

 任务导入

本工作站以机器人压铸取件为例，工业机器人将压铸完成的工件取出进行工件完好性检查，然后将其放置在冷却台上进行冷却，冷却后将其放到输出传送带上或者放置到废件箱里。

知识链接

一、导入程序模块

在之前创建的备份文件中包含本工作站的程序模块，可以将其直接导入该机器人系统中，之后在其基础上做相应修改，并重新示教目标点，完成程序编写过程。

（1）可以通过虚拟示教器导入程序模块，也可以通过 RobotStudio"RAPID"菜单中的"程序"下拉菜单来导入（图 5 – 2 – 19）。这里以软件操作为例来介绍加载程序模块的步骤。

图 5 – 2 – 19　导入程序模块 1

（2）浏览至之前所创建的文件夹，依次打开"RAPID""TASK1""PROGMOD"，找到程序模块"ExtMain"及"DATA"（图 5 – 2 – 20）。

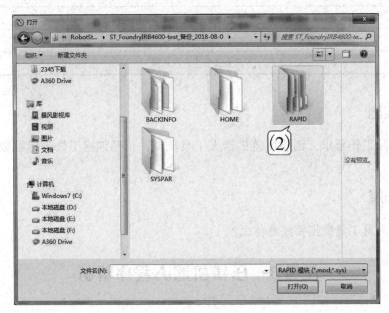

图 5 – 2 – 20　导入程序模块 2

（3）选中程序模块"DATA""ExtMain"，单击"打开（O）"按钮（图 5 – 2 – 21）。

（4）勾选全部，单击"确定"按钮，完成加载程序模块的操作（图5－2－22）。

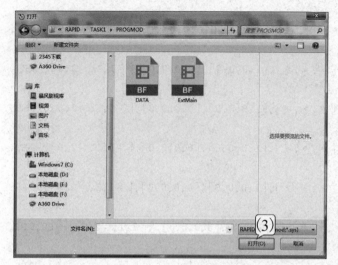

图5－2－21 导入程序模块3

图5－2－22 导入程序模块4

注意：若导入程序模块时，提示工具数据、工件坐标数据和有效载荷数据命名不明确，则在手动操纵画面将之前设定的数据删除，再进行导入程序模块的操作，如图5－2－23所示。

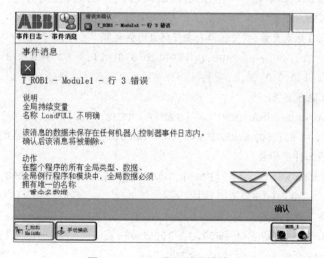

图5－2－23 导入程序模块5

二、程序注解

在熟悉RAPID程序后，可以根据实际需要，在此程序的基础上做适用性修改，以满足实际逻辑与动作的控制要求。下面是实现机器人逻辑和动作控制的RAPID程序，程序数据存储于DATA.mod。

CONST robtarget pWaitDCM:=[[﹡,﹡,﹡],[1,0,0,0],[0,0,0,0],[-1,0,-1,0],[9E9,9E9,9E9,9E9,9E9,9E9]];

```
    CONST robtarget pPickDCM: = [ [ *,*,* ],[1,0,0,0],[0,0,0,0],[ -1,1,-2,0], [9E9,
9E9,9E9,9E9, 9E9,9E9]];
    CONST robtarget pHome: =[[ *,*,* ],[1,0,0, 0],[0,0,0,0],[9E9,9E9,9E9,9E9,9E9,
9E9]];
    CONST robtarget pRelPart1: =[ [ *,*,* ],[1,0,0,0],[0,0,0,0],[ -1,1,-2,0],[9E9,
9E9,9E9,9E9, 9E9,9E9]];
    CONST robtarget pRelPart2: =[ [ *,*,* ],[1,0,0,0],[0,0,0,0],[ -1,1,-2,0],[9E9,
9E9,9E9,9E9, 9E9,9E9]];
    CONST robtarget pRelPart3: =[ [ *,*,* ],[1,0,0,0],[0,0,0,0],[ -1,1,-2,0],[9E9,
9E9,9E9,9E9, 9E9,9E9]];
    CONST robtarget pRelPart4: =[ [ *,*,* ],[1,0,0,0],[0,0,0,0],[ -1,1,-2,0],[9E9,
9E9,9E9,9E9, 9E9,9E9]];
    CONST robtarget pRelCNV: =[ [ *,*,* ],[1,0,0,0],[0,0,0,0],[ -1,1,-2,0],[9E9,9E9,
9E9,9E9, 9E9,9E9]];
    CONST robtarget pMoveOutDie: =[ [ *,*,* ],[1,0,0,0],[0,0,0,0],[ -1,1,-2,0],[9E9,
9E9,9E9,9E9, 9E9,9E9]];
    CONST robtarget pRelDaPart: =[ [ *,*,* ],[1,0,0,0],[0,0,0,0],[ -1,1,-2,0],[9E9,
9E9,9E9,9E9, 9E9,9E9]];
```
    ! 定义机器人目标点
```
    PERS robtarget pPosOK: =[[ *,*,* ],[1,0,0,0],[0,0,0,0], ],[ -1,1,-2,0],[9E9,
9E9,9E9,9E9, 9E9,9E9]];
```
    ! 定义机器人目标点变量,以便机器人在任何点时做运算
```
    PERS tooldata tGripper: =[TRUE,[[179.120 678 011, -62.809 528 063,676],[1,0,0,
0]],[15,[0,0,400],[1,0,0,0],0,0,0]];
```
    ! 定义夹具工具坐标系
```
    TASK PERS wobjdata wobjDCM: = [ FALSE, TRUE,"", [[ 0, 0, 0], [ 1, 0, 0, 0]],
[[ -308.662 234 013, -1 631.501 618 476,1 017.285 148 616],[0.707 106 781,0,0.707 106 781,0]]];
```
    ! 定义压铸机工件坐标系
```
    TASK PERS wobjdata wobjCool: =[FALSE,TRUE,"",[[1 352.299 998 099,1 342.748 724 261,
1 000],[1,0,0,0]],[[0,0,0],[1,0,0,0]]];
```
    ! 定义冷却台工件坐标系
```
    PERS pos PosExtRobSafe1: =[ -600, -1 300,1 450];
    PERS pos PosExtRobSafe2: =[580, -2 700,7];
```
    ! 定义两个位置数据,作为设定互锁区域的两个对角点
```
    VAR shapedata shExtRobSafe;
```
    ! 定义区域形状参数
```
    PERS wzstationary wzExtRobSafe: =[1];
    VAR bool bErrorPickPart: =FALSE;
```
    ! 定义错误工件逻辑量
```
    TASK PERS loaddata LoadPart: =[5,[50,0,150],[1,0,0,0],0,0,0];
```
    ! 定义产品有效载荷参数
```
    CONST speeddata vFast: =[1 800,200,5 000,1 000];
```

```
CONST speeddata vLow: = [8 000,100,5 000,1 000];
```
！定义机器人运行速度参数,vfast 为空运行速度,vLow 为机器人夹着产品的运行速度
```
PERS num nPickOff_X: = 0;
PERS num nPickOff_Y: = 0;
PERS num nPickOff_Z: = 200;
```
！定义夹具在抓取产品前的偏移值
```
VAR bool bEjectKo: = FALSE;
```
！定义磨具顶针是否顶出的逻辑量
```
PERS num nErrPickPartNo: = 0;
```
！定义产品抓取错误变量,值为 0 时表示抓取的产品是 OK 的,1 表示抓取的产品是 NG 的或没抓到产品
```
VAR bool bDieOpenKO: = FALSE;
VAR bool bPartOK: = FALSE;
```
！定义开模逻辑量和产品检测 OK 逻辑量
```
PERS num nCTime: = 20.908;
```
！定义数字变量,用来计时
```
VAR num nRelPartNo: = 1;
```
！定义数字变量,用来计算放到冷却台的产品数量
```
PERS num nCoolOffs_Z: = 200;
```
！定义冷却台 Z 方向偏移数字变量
```
VAR bool bFullOfCool: = FALSE;
PERS bool bCool1PosEmpty: = FALSE;
PERS bool bCool2PosEmpty: = FALSE;
PERS bool bCool3PosEmpty: = FALSE;
PERS bool bCool4PosEmpty: = FALSE;
```
！定义冷却台产品是否放满逻辑量,以及各冷却位置是否有产品的逻辑量

以下为将 RAPID 程序存储于子程序模块 ExtMain. mod 中。

```
PROC main()
```
！主程序
```
rIninAll;
```
！调用初始化例行程序
```
WHILE TRUE DO
```
！调用 WHILE 循环指令,并用绝对真实条件 True 形成死循环,将初始化程序隔离
```
IF di01DCMAuto = 1 THEN
```
！IF 条件判断指令。Di01DCMAuto 为压铸机处于自动状态信号,即当压铸机处于自动联机状态时才开始执行取件程序
```
rExtracting;
```
！调用取件例行程序
```
rCheckPart;
```
！调用产品检测例行程序
```
IF bFullOfCool = TRUE THEN
```
！条件判断指令,判断冷却台上产品是否放满

```
                        rRelGoodPart;
            ! 调用放置 OK 产品程序
                        ELSE
                        rReturnDCM;
            ! 调用返回压铸机位置程序
                        ENDIF
            ENDIF
            rCycleTime;
            ! 调用计时例行程序
            WaitTime 0.2;
            ! 等待时间
        ENDWHILE
ENDPROC


PROC rIninAll()
    ! 初始化例行程序
        AccSet 100, 100;
        ! 加速度控制指令
        VelSet 100, 3 000;
        ! 速度控制指令
        ConfJ \ Off;
        ConfL \ Off;
        ! 机器人运动控制指令
        rReset_Out;
        ! 调用输出信号复位例行程序
        rHome;
        ! 调用回 Home 点程序
        Set do04 StartDCM;
        ! 通知压铸机器人可以开始取件
        rCheckHomePos;
        ! 调用检查 Home 点例行程序
ENDPROC


PROC rExtracting()
    ! 从压铸机取件程序
        MoveJ pWaitDCM, vFast, z20, tGripper \ WObj: = wobjDCM;
        ! 机器人运行到等待位置
        WaitDI di02 DoorOpen,1;
        ! 等待压铸机安全门打开
        WaitDI di03 DieOpen, 1 \ MaxTime: = 6 \ TimeFlag: = bDieOpenKO;
        ! 等待开模信号,最长等待时间为 6 s,得到信号后将逻辑量置为 FALSE;如果没得到信号,则将逻辑
量置为 TRUE
```

```
    IF bDieOpenKO = TRUE THEN
        ! 当逻辑量为 TRUE 时,表示机器人没有在合理的时间内得到开模信号,此时取件失败
            nErrPickPartNo: = 1;
        ! 将取件失败的数字量置为 1
            GOTO lErrPick;
        ! 跳转到错误取件标签 lErrPick 处
    ELSE
            nErrPickPartNo: = 0;
        ! 取件如果成功,则将取件失败的数字置为 0
    ENDIF
        Reset do04StartDCM;
        ! 复位机器人开始取件信号
        MoveJ Offs(pPickDCM,nPickOff_X,nPickOff_Y,nPickOff_Z), vLow, z10, tGripper \
WObj: = wobjDCM;
    MoveJ pPickDCM, vLow, fine, tGripper \ WObj: = wobjDCM;
        ! 机器人运行到取件目标点
        rGripperClose;
        ! 调用关闭夹爪例行程序
        rSoftActive;
        ! 调用软伺服激活例行程序
        Set do07EjectFWD;
        ! 置位模具顶针顶出信号
        WaitDI di06LsEjecLFWD, 1 \ MaxTime: = 4 \ TimeFlag: = bEjectKo;
        ! 等待模具顶针顶出到位信号,最大等待时间为 4 s,在该时间内得到信号则将逻辑置为 False
        pPosOK: = CRobT( \ Tool: = tGripper \ WObj: = wobjDCM);
        ! 记录机器人被模具顶针顶出后的当前位置,并赋值给 pPosOk
    IF bEjectKo = TRUE THEN
        ! 当逻辑量为 TRUE 时,表示顶针顶出失败,则此次取件失败,机器人开始按取件失败处理
            rSoftDeactive;
        ! 调用软伺服失效例行程序
            rGripperOpen;
        ! 调用打开夹爪例行程序
            MoveL Offs(pPosOK,0,0,100), vLow, z10, tGripper \ WObj: = wobjDCM;
        ! 以上一次机器人记录的目标点偏移
    ELSE
        ! 当逻辑量为 FALSE 时,取件成功,机器人则开始按取件成功处理
            WaitTime 0.5;
            rSoftDeactive;
        ! 调用软伺服失效指令
            WaitTime 0.5;
        ! 等待时间,让软伺服失效完成
            MoveL Offs(pPosOK,0,0,200), v300, z10, tGripper \ WObj: = wobjDCM;
```

```
        ! 机器人抓取产品后按照之前记录的目标点偏移
            GripLoad LoadPart;
        ! 加载 Load 参数,表示机器人已抓取产品
    ENDIF
lErrPick:
        ! 错误取件标签
        MoveJ pMoveOutDie, vLow, z10, tGripper \ WObj: = wobjDCM;
        ! 机器人运动到离开压铸机模具的安全位置
        Reset do07EjectFWD;
        ! 复位顶针顶出信号
ENDPROC


PROC rCheckPart()
    ! 产品检测例行程序
    IF nErrPickPartNo = 1 THEN
        ! 条件判断,当取件失败时,机器人重新回到 Home 点并输出报警信号
            MoveJ pHome, vFast, fine, tGripper \ WObj: = wobjDCM;
            PulseDO \ PLength: = 0.2, do12Error;
            RETURN;
    ENDIF
        MoveJ pHome, vLow, z200, tGripper \ WObj: = wobjDCM;
        Set do04StartDCM;
        MoveJ pPartCheck, vLow, fine, tGripper \ WObj: = wobjCool;
        ! 取件成功时,则抓取产品运行到检测位置
        Set do06AtPartCheck;
        ! 置位检测信号,开始产品检测
        WaitTime 3;
        ! 等待时间,保证检测完成
        WaitDI di04PartOK, 1 \ MaxTime: = 5 \ TimeFlag: = bPartOK;
        ! 等待产品检测 OK 信号,时间 5 s,逻辑量为 bPartOK
        ReSet do06AtPartCheck;
        ! 复位检测信号
    IF bPartOK = TRUE THEN
        ! 条件判断,当产品检测没通过时,则该产品为不良品,机器人进入不良品处理程序
            rRelDamagePart;
        ! 调用不良品放置程序
    ELSE
            rCooling;
        ! 当产品检测为 OK 时,调用冷却程序
    ENDIF
ENDPROC
```

```
PROC rCooling()
        ! 产品冷却程序,即机器人将检测 OK 的产品放置到冷却台上
    TEST nRelPartNo
! TEST 指令,将产品逐个放置到冷却台,冷却台总共可以放置 4 个产品,放置时机器人先运行到冷却目标点
上方偏移位置,然后运行到放料点,打开夹爪,放完成品后又运行到偏移位置
    CASE 1:
        MoveJ Offs(pRelPart1,0,0,nCoolOffs_Z), vLow, z50, tGripper\WObj:=wobjCool;
        MoveJ pRelPart1, vLow, fine, tGripper\WObj:=wobjCool;
        rGripperOpen;
        MoveJ Offs(pRelPart1,0,0,nCoolOffs_Z), vLow, z50, tGripper\WObj:=wobjCool;
    CASE 2:
        MoveJ Offs(pRelPart2,0,0,nCoolOffs_Z), vLow, z50, tGripper\WObj:=wobjCool;
        MoveJ pRelPart2, vLow, fine, tGripper\WObj:=wobjCool;
        rGripperOpen;
    Movej Offs(pRelPart2,0,0,nCoolOffs_Z), vLow, z50, tG    ripper\WObj:=wobjCool;
    CASE 3:
        MoveJ Offs(pRelPart3,0,0,nCoolOffs_Z), vLow, z50, tGripper\WObj:=wobjCool;
        MoveJ pRelPart3, vLow, fine, tGripper\WObj:=wobjCool;
        rGripperOpen;
        MoveJ Offs(pRelPart3,0,0,nCoolOffs_Z), vLow, z50, tGripper\WObj:=wobjCool;
    CASE 4:
        MoveJ Offs(pRelPart4,0,0,nCoolOffs_Z), vLow, z50, tGripper\WObj:=wobjCool;
        MoveJ pRelPart4, vLow, fine, tGripper\WObj:=wobjCool;
        rGripperOpen;
        MoveJ Offs(pRelPart4,0,0,nCoolOffs_Z), vLow, z50, tGripper\WObj:=wobjCool;
    ENDTEST
        nRelPartNo := nRelPartNo + 1;
        ! 每次放完一个产品后,将产品数量加 1
    IF nRelPartNo > 4 THEN
        ! 当产品数量到 4 个后,即冷却台上已经被放满时,将冷却台逻辑量置为 TRUE,同时将产品数量置
为 1,此时放完第四个产品后,需要将已经冷却完成的第一个产品从冷却台上取下,放置到输送链上
        bFullOfCool := TRUE;
        nRelPartNo := 1;
    ENDIF
ENDPROC


PROC rRelGoodPart()
    ! 良品放置例行程序,即将已经冷却好的产品从冷却台上取下,放到输送链输出
        WaitDI di05CNVEmpty, 1;
        ! 等待输送链上没有产品的信号
    IF bFullOfCool = TRUE THEN
        ! 判断冷却台上产品是否放满
```

```
        IF nRelPartNo = 1 THEN
        ! 判断从冷却台上取第几个产品
            MoveJ Offs(pRelPart1,0,0,nCoolOffs_Z), vLow, z20, tGripper \ WObj: = wobj-
Cool;
            MoveJ pRelPart1, vLow, fine, tGripper \ WObj: = wobjCool;
            rGripperClose;
            MoveJ Offs(pRelPart1,0,0,nCoolOffs_Z), vLow, z20, tGripper \ WObj: = wobj-
Cool;
        ELSEIF nRelPartNo = 2 THEN
            MoveJ Offs(pRelPart2,0,0,nCoolOffs_Z), vLow, z20, tGripper \ WObj: = wobjCool;
            MoveJ pRelPart2, vLow, fine, tGripper \ WObj: = wobjCool;
            rGripperClose;
            MoveJ Offs(pRelPart2,0,0,nCoolOffs_Z), vLow, z20, tGripper \ WObj: = wobj-
Cool;
        ELSEIF nRelPartNo =3 THEN
            MoveJ Offs(pRelPart3,0,0,nCoolOffs_Z), vLow, z20, tGripper \ WObj: = wobjCool;
            MoveJ pRelPart3, vLow, fine, tGripper \ WObj: = wobjCool;
            rGripperClose;
            MoveJ Offs(pRelPart3,0,0,nCoolOffs_Z), vLow, z20, tGripper \ WObj: = wobjCool;
        ELSEIF nRelPartNo = 4 THEN
            MoveJ Offs(pRelPart4,0,0,nCoolOffs_Z), vLow, z20, tGripper \ WObj: = wobjCool;
            MoveJ pRelPart4, vLow, fine, tGripper \ WObj: = wobjCool;
        rGripperClose;
        MoveJ Offs(pRelPart4,0,0,nCoolOffs_Z), vLow, z20, tGripper \ WObj: = wobjCool;
        ENDIF
            WaitTime 0.2;
    ENDIF
    MoveJ Offs(pRelCNV,0,0,nCoolOffs_Z), vLow, z20, tGripper \ WObj: = wobjCool;
    MoveL pRelCNV, vLow, fine, tGripper \ WObj: = wobjCool;
    rGripperOpen;
    MoveL Offs(pRelCNV,0,0,nCoolOffs_Z), vLow, z20, tGripper \ WObj: = wobjCool;
    ! 从冷却台上取完产品后,运行到输送链上方,然后线性运行到放置点,松开夹爪
    MoveL Offs(pRelCNV,0,0,300), vLow, z50, tGripper \ WObj: = wobjCool;
    MoveJ Offs(pRelPart2,0,0,nCoolOffs_Z), vFast, z50, tGripper \ WObj: = wobjCool;
    MoveJ pPartCheck, vFast, z100, tGripper \ WObj: = wobjCool;
    MoveJ pHome, vFast, z100, tGripper \ WObj: = wobjDCM;
    ! 放完产品后返回 Home 点,开始下一轮取放
    ENDPROC


PROC rRelDamagePart()
    ! 不良品放置程序,当检测为 NO 时,直接将检测位置产品运行到不良品放置位置,将产品放下
        ConfJ \ off;
```

```
        MoveJ pHome, vLow, z20, tGripper\WObj: =wobjCool;
        MoveJ pMoveOutDie, vLow, z20, tGripper\WObj: =wobjCool;
        MoveJ pRelDaPart, vLow, fine, tGripper\WObj: =wobjCool;
        rGripperOpen;
        MoveL pMoveOutDie, vLow, z20, tGripper\WObj: =wobjCool;
        ConfJ\on;
ENDPROC


PROC rReset_Out()
    ! 输出信号复位例行程序
        Reset do04StartDCM;
        Reset do06AtPartCheck;
        Reset do07EjectFWD;
        Reset do09E_Stop;
        Reset do12Error;
        Reset do03GripperOFF;
        Reset do01RobInHome;
ENDPROC


PROC rCycleTime()
    ! 计时例行程序
        ClkStop clock1;
        nCTime: =ClkRead(clock1);
        TPWrite "the cycletime is   "\Num: =nCTime;
        ClkReset clock1;
        ClkStart clock1;
ENDPROC


PROC rSoftActive()
    ! 软伺服激活例行程序,设定机器人6个轴的软化指数
        SoftAct 1, 99;
        SoftAct 2, 100;
        SoftAct 3, 100;
        SoftAct 4, 95;
        SoftAct 5, 95;
        SoftAct 6, 95;
        WaitTime 0.3;
ENDPROC


PROC rSoftDeactive()
    ! 软伺服失效例行程序
        SoftDeact;
```

```
        ！软伺服失效指令,执行此指令后所有软伺服设定失效
        WaitTime 0.3;
ENDPROC


PROC rReturnDCM( )
    ！返回压铸机程序
        MoveJ pPartCheck, vFast, z100, tGripper \WObj: = wobjCool;
        MoveJ pHome, vFast, z100, tGripper \WObj: = wobjDCM;
ENDPROC


PROC rCheckHomePos( )
    ！检测是否在 Home 点程序
    VAR robtarget pActualPos1;
        ！定义一个目标点数据 pActualPos
    IF NOT bCurrentPos(pHome,tGripper) THEN
        ！调用功能长须 CurrentPos,此为一个布尔型的功能程序,括号里面的参数分别指的是所要比较
的目标点以及使用的工具数据,这里写入的是平 pHome, 即将当前机器人位置与 pHome 点进行比较,若在
Home 点,则此布尔量为 TRUE;若不在 Home 点,则执行 IF 判断指令中机器人返回 Home 点的动作指令。
        pActualpos1: = CRobT( \Tool: = tGripper \WObj: = wobjDCM);
        ！利用 CRobT 功能读取当前机器人目标位置,并赋值给目标点数据 pActualpos1
        pActualpos1.trans.z: = pHome.trans.z;
        ！将 pHome 点的 Z 值赋给 pActualpos 点的 Z 值
        MoveL pActualpos1,v100,z10,tGripper;
        ！移至已被赋值后的 pActualpos 点
        MoveL pHome,v100,fine,tGripper;
        ！移至 pHome 点,上述指令的目的是需要先将机器人提升至与 pHome 点一样的高度,之后再平移
至 pHome 点,这样可以简单地规划一条安全回 Home 点的轨迹
    ENDIF
ENDPROC


FUNC bool bCurrentPos(robtarget ComparePos,INOUT tooldata TCP)
    ！检测目标点功能程序,带有两个参数,比较目标点和所使用的工具数据
    VAR num Counter: = 0;
        ！定义数字型数据 Counter
    VAR robtarget ActualPos;
        ！定义数字型数据 ActualPos
    ActualPos: = CRobT( \Tool: = TCP \WObj: = wobjDCM);
        ！利用 CRobT 功能读取当前机器人目标位置,并赋值给 ActualPos
        IF ActualPos.trans.x > ComparePos.trans.x - 25 AND ActualPos.trans.x < Com-
parePos.trans.x +25 Counter: = Counter +1;
        IF ActualPos.trans.y > ComparePos.trans.y - 25 AND ActualPos.trans.y < Com-
parePos.trans.y +25 Counter: = Counter +1;
```

```
    IF ActualPos.trans.z > ComparePos.trans.z – 25 AND ActualPos.trans.z < Com-
parePos.trans.z +25 Counter: =Counter +1;
    IF ActualPos.rot.q1 >ComparePos.rot.q1 – 0.1 AND ActualPos.rot.q1 < Compare-
Pos.rot.q1 +0.1 Counter: =Counter +1;
    IF ActualPos.rot.q2 >ComparePos.rot.q2 – 0.1 AND ActualPos.rot.q2 < Compare-
Pos.rot.q2 +0.1 Counter: =Counter +1;
    IF ActualPos.rot.q3 >ComparePos.rot.q3 – 0.1 AND ActualPos.rot.q3 < Compare-
Pos.rot.q3 +0.1 Counter: =Counter +1;
    IF ActualPos.rot.q4 >ComparePos.rot.q4 – 0.1 AND ActualPos.rot.q4 < Compare-
Pos.rot.q4 +0.1 Counter: =Counter +1;
```

！将当前机器人所在目标位置数据与给定目标位置数据进行比较,共七项数值,分别是 X,Y,Z 坐标值以及工具姿态数据 q_1,q_2,q_3,q_4 的偏差值,如 X,Y,Z 坐标偏差值"25"可根据实际情况进行调整,每项比较结果成立,则计数 Counter 加1,若七项全部满足,则 Counter 数值为7

```
    RETURN Counter =7;
```

！返回判断式结果,若 Counter 为7,则返回 TRUE;若不为7,则返回 FALSE

```
ENDFUNC


PROC rTeachPath()
```

！机器人手动示数目标点程序(图5 – 2 –24),该程序仅用于手动调试时

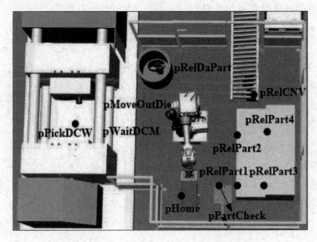

图5 –2 –24　机器人手动示数目标点程序

```
MoveJ pWaitDCM,v10,fine,tGripper\WObj: =wobjDCM;
```

！机器人在压铸机外的等待点

```
MoveJ pPickDCM,v10,fine,tGripper\WObj: =wobjDCM;
```

！机器人抓取产品点

```
MoveJ pHome,v10,fine,tGripper\WObj: =wobjDCM;
```

！机器人 Home 点

```
MoveJ pMoveOutDie,v10,fine,tGripper\WObj: =wobjDCM;
```

！机器人产品检测目标点

```
MoveJ pRelDaPart,v10,fine,tGripper\WObj: =wobjDCM;
```

```
        ！机器人退出压铸机目标点
    MoveJ pPartCheck,v10,fine,tGripper\WObj:=wobjCool;
        ！机器人不良品放置
    MoveJ pRelPart1,v10,fine,tGripper\WObj:=wobjCool;
    MoveJ pRelPart2,v10,fine,tGripper\WObj:=wobjCool;
    MoveJ pRelPart3,v10,fine,tGripper\WObj:=wobjCool;
    MoveJ pRelPart4,v10,fine,tGripper\WObj:=wobjCool;
    机器人冷却目标点,共4个,分布在冷却台上
    MoveJ pRelCNV,v10,fine,tGripper\WObj:=wobjCool;
        ！机器人放料到输送链目标点
    ENDPROC


PROC rPowerON()
    ！EvenRoutine定义机器人和压铸机工作的互锁区域,当机器人工具中心点进入该区域时,数字输出
信号Do05RobInDCM被置为0,此时压铸机不能合模。将此程序关联到系统PowerOn的状态,当开启系统
总电源时,该程序即被执行一次,互锁区域设定生效
    PosExtRobSafe1:=[-600,-1 300,1 450];
    PosExtRobSafe2:=[580,-2 700,7];
        ！机器人干涉区域的两个对角点位置,该设置参数只能是在Wobj0下的数据(将机器人手动模式移
动到压铸机互锁区域内进行获取对角点的数据)
    WZBoxDef\Inside,shExtRobSafe,PosExtRobSafe1,PosExtRobSafe2;
        ！矩形体干涉区域设定指令,Inside是定义机器人工具中心点在进入该区域时生效
    WZDOSet\Stat,wzExtRobSafe\Inside,shExtRobSafe,do05RobInDCM,1;
        ！干涉区域启动指令,并关联到对应的输出信号
    ENDPROC


PROC rHome()
    ！机器人回Home点程序
    MoveJ pHome,vFast,fine,tGripper\WObj:=wobjDCM;
        ！机器人运行到Home点,只有一条运动指令,转弯区选择fine
ENDPROC


PROC rGripperOpen()
    ！打开夹爪例行程序
        Reset do03GripperOFF;
        Set do02GripperON;
        WaitTime 0.3;
ENDPROC
```

三、工作站程序运行说明

(1) 在"仿真"菜单中,单击"I/O仿真器"(图5-2-25)。

(2) 正确设定虚线框中的内容(图2-5-26)。

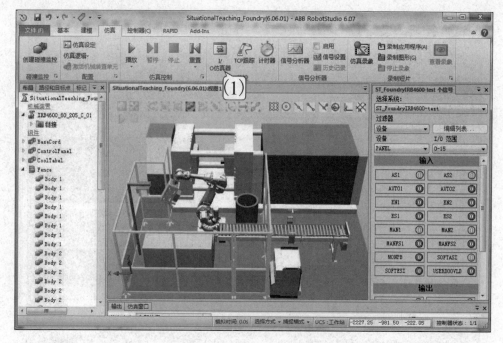

图 5 – 2 – 25 工作站程序运行说明 1

（3）将 I/O 信号"di01DCMAuto"以及"di05CNVEmpty"强置为 1，仿真压铸机已准备完成及输送带可放料的信号（图 5 – 2 – 27）。

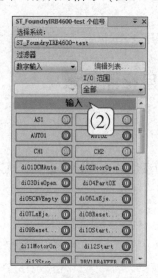

图 5 – 2 – 26 工作站程序运行说明 2

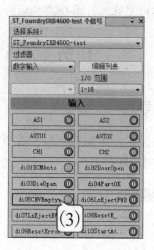

图 5 – 2 – 27 工作站程序运行说明 3

（4）单击播放按钮，开始仿真运行（图 5 – 2 – 28）。

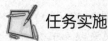 **任务实施**

请识读压铸机器人的程序，并学会修改程序。

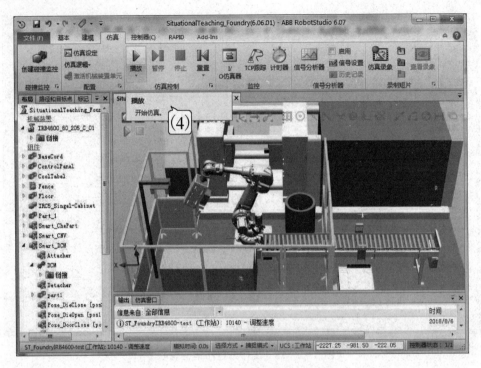

图 5 – 2 – 28　工作站程序运行说明 4

 知识拓展

当程序编辑完成后，请在自动运行模式下测试程序。

任务 4　压铸机器人目标点示教

 任务导入

机器人在设定好运动轨迹后，需要完善程序，即添加轨迹起始接近点、轨迹结束离开点以及安全位置 HOME 点。

 知识链接

示教目标点

在本工作站中，需要示教程序起始点 pHome、取件及冷却等目标点。

程序起始点 pHome 如图 5 – 2 – 29 所示。我们应将 pHome 点设定在离机器人工作区域较远的地方。

程序模块中包含一个专门用于手动示教目标点的子程序 rTeachPath（图 5 – 2 – 30），在虚拟示教器中，进入"程序编辑器"，将指针移动至该子程序，之后通过示教器在手动模式下移动机器人到各个位置点，并通过修改位置将其记录下来。

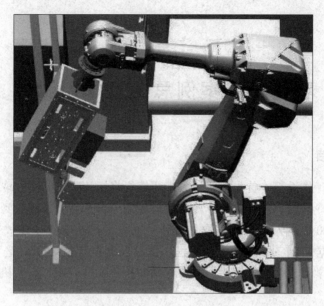

图 5 - 2 - 29　程序起始点

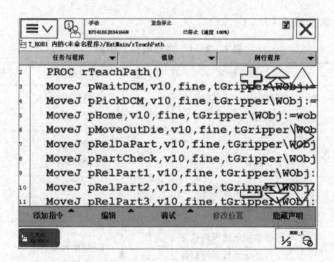

图 5 - 2 - 30　子程序 rTeachPath

 任务实施

请根据实际，设定合适的压铸机器人运动轨迹的起始接近点、轨迹结束离开点和安全位置点。

 知识拓展

（1）请写出设定机器人与压铸机互锁区域的详细步骤。

（2）列出压铸取件程序的大体结构。

项目三　案例总结及学习测评

一、案例总结

压铸工作站的工作过程，首先由机器人从压铸机将压铸完成的工件取出进行工件完好性检查，然后放置在冷却台上进行冷却，冷却后放到输出传送带上或放置到废件箱里。本压铸工作站选用 IRB4600 机器人实现压铸取件工作。预设工作站取件动作效果主要是通过完成 I/O 配置、程序数据创建、目标点示教、程序编写及调试，最终实现整个工作站的取件过程。通过本案例的学习，掌握压铸机器人工作站的压铸取件应用，学会机器人工作站的设置技巧。

二、学习测评

考核项目及明细见表 5-3-1。

表 5-3-1　考核项目及明细

项　目	技术要求	分　值	评分细则	评分记录	备　注
创建压铸机器人备份并执行 "I 启动"	熟练创建压铸机器人备份并执行 "I 启动"	10	1. 理解流程 2. 操作流程		
进行压铸机器人 I/O 配置	熟练掌握压铸机器人常用 I/O 配置	15	1. 理解流程 2. 操作流程		
创建压铸机器人工具数据	熟练掌握压铸机器人工具数据创建方法	15	1. 理解流程 2. 操作流程		
创建压铸机器人工件坐标系数据与载荷数据	熟练掌握创建压铸机器人工件坐标系数据与载荷数据方法	15	1. 理解流程 2. 操作流程		
导入程序模板	掌握导入程序模块方法	10	1. 理解流程 2. 操作流程		
理解程序	熟练掌握程序及修改方法	20	理解与掌握		
示教目标点	掌握示教目标点方法	15	理解与掌握		

模块六

智能制造中其他机器人应用

项目一　涂装机器人及其操作应用

项目目标

➢ 了解涂装机器人的分类及特点；
➢ 能够识别涂装机器人的工作站基本构成；
➢ 熟悉涂装机器人的周边设备与布局方法，能够进行涂装机器人的简单作业示教。

任务列表

学习任务	知识点	能力要求
任务1　涂装机器人的分类及特点	涂装机器人的分类、系统组成、作业示教、工作站、应用范围	1. 了解涂装机器人的分类及特点 2. 熟悉涂装机器人的周边设备与布局方法 3. 掌握涂装机器人的系统基本组成
任务2　涂装机器人的周边设备与布局	周边设备模式、工位布局	1. 能够识别涂装机器人的工作站基本构成 2. 能够进行涂装机器人的简单作业示教

任务1　涂装机器人的分类及特点

任务导入

杜尔新一代 Ecopaint 机器人在自动化涂装工艺方面很有特点（图6-1-1）。由于具有更大的运动自由度，采用七轴运动系统的 EcoRP E043i 型号机器人扩大了工作区域，可代替采用线性行走轨道，大幅降低喷房的投资和维护成本。新开发的产品，即 EcoRCMP2 机器人控制系统是智能工厂的关键模块。七轴运动系统能够实现更大移动性，涂装机器人通常配备六个轴。喷房墙壁中的行走轨道确保机器人可在喷房中与车身平行移动，从而到达所有车身区域。杜尔系统股份公司总裁兼首席执行官 Hans Schumacher 博士解释："我们第三代机器人中的新成员 EcoRP E043i 已配备第七个旋转轴，这显著提高了灵活性和通用性。"第七轴被直接并入机器人的运动链中，从而增加了自由度。尤其在内部涂装中，这可改进许多区域的可达性并避免与车辆碰撞。由于采用全新优化的控制系统，第三代杜尔机器人以更加协调，甚至一致的涂装路径沿着车身移动。Schumacher 博士说："省略行走轴，在投资成本或空间消耗方面有明显优势（尤其在改造现有涂装车间时），而且之后也会降低维护和运营成本。"杜尔有六轴机器人和七轴机器人，其中六轴机器人除了缺少第七轴外，其与七轴机器人并无差别，我们可以根据应用需要选用行走轴或者不用行走轴。EcoRP E/L133i 机器人借助顶部或底部安装轨道运行。除涂装之外，它们还用作内部涂装的盖开启器。

一、模块化机器人系列

在生产和维护方面，模块化设计为杜尔机器人系列带来明显优势。不同机器人的大部分组件都相同，我们根据不同的应用辅以一些特定类型的组件。例如，六轴和七轴机器人是在机器人下方 1 号臂的设计上有所差异。这种低复杂程度和自始至终保持一致的组件设计既降低了仓储成本，又简化了维护工作。Schumacher 博士解释创新设计时说："我们为新一代机器人的外轮廓设计了许多细节，尤其便于维护与维修。如今，更换机器人中的集成气动、控制系统或高压组件所需时间可缩短 50%。"例如，新机器人的外壳现在由一些易卸的覆盖件组成。它们配备速效闩锁，可快速访问集成应用技术。换色器和计量泵被安装在机器人前臂上，从而可以快速换色，而油漆损失微乎其微，且清洗剂消耗少。软管被布置在机器人内部而不露出。

二、新工艺和移动控制系统

杜尔的第三代机器人由一款新开发的产品 EcoRCMP2 在工艺和移动控制系统进行控制。采用模块化控制和驱动组件的控制面板、具有更多备用动力的新电动机和数字编码器接口，以及用于安全监控工作区和速度的集成式安全控制系统，这些代表了基于杜尔智能工厂理念的全新一代涂装机器人。此控制平台由大量传感器和执行器及高级维护或控制系统结合形成。一个集成接口可确保机器人"云就绪"，并提供所有相关数据以满足工业 4.0 环境中的当前和未来需求。

图 6 - 1 - 1　涂装机器人

 知识链接

一、涂装机器人的分类及特点

涂装机器人作为一种典型的涂装自动化装备，具有工件涂层均匀、重复精度好、通用性强、工作效率高的特点，能够将工人从有毒、易燃、易爆的工作环境中解放出来，已在汽车、工程机械制造、3C 产品及家具建材等领域得到广泛应用。涂装机器人与传统的机械涂装相比，具有以下优点：

（1）最大限度提高涂料的利用率、降低涂装过程中的有害挥发性有机物（Volatile Organic Compounds，VOC）排放量。

（2）显著提高喷枪的运动速度，缩短生产节拍，效率显著高于传统的机械涂装。

（3）柔性强，能够适应多品种、小批量的涂装任务。

（4）能够精确保证涂装工艺的一致性，获得较高质量的涂装产品。

（5）与高速旋杯经典涂装站相比，可以减少 30% ~ 40% 的喷枪数量，降低系统故障率和维护成本。

目前，国内外的涂装机器人大多数在结构上仍采取与通用工业机器人相似的 5 或 6 自由度串联关节式机器人，在其末端加装自动喷枪。按照手腕结构划分，涂装机器人在应用中较为普遍的主要有两种：球型手腕涂装机器人和非球型手腕涂装机器人，如图 6 - 1 - 2 和图 6 - 1 - 3 所示。

图 6 - 1 - 2 球型手腕涂装机器人

图 6 - 1 - 3 非球型手腕涂装机器人

（一）球型手腕涂装机器人

球型手腕涂装机器人与通用工业机器人手腕结构类似，手腕三个关节轴线相交于一点，即目前绝大多数商用机器人所采用的 Bendix 手腕，如图 6 - 1 - 4 所示。该手腕结构能够保证机器人运动学逆解具有解析解，便于离线编程的控制，但是由于其腕部第二关节不能实现 360°周转，故工作空间相对较小。采用球型手腕的涂装机器人多为紧凑型结构，其工作半径多为 0.7 ~ 1.2 m，多用于小型工件的涂装。

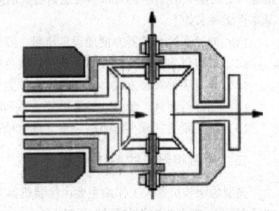

图 6 - 1 - 4 Bendix 手腕结构

（二）非球型手腕涂装机器人

非球型手腕涂装机器人的 3 个轴线并非与球型手腕涂装机器人一样相交于一点，而是相交于两点。非球型手腕涂装机器人相对于球型手腕涂装机器人更适合于涂装作业。该型涂装机器人每个腕关节转动角度都能达到360°，手腕灵活性强，机器人工作空间较大，特别适用复杂曲面及狭小空间内的涂装作业，但由于非球型手腕运动学逆解没有解析解，增大了机器人控制的难度，难以实现离线编程控制。

非球型手腕涂装机器人根据相邻轴线的位置关系又可分为正交非球型手腕和斜交非球型手腕两种形式。如图6-1-5所示，Comau SMIARI-3S型机器人所采用的即为正交非球型手腕，其相邻轴线夹角为90°；如图6-1-6所示，FANUC P-250iA型机器人的手腕相邻两轴线不垂直，而是呈一定的角度，即斜交非球型手腕。

图6-1-5　正交非球型手腕　　　　图6-1-6　斜交非球型手腕

现今应用的涂装机器人很少采用正交非球型手腕，主要是其在结构上相邻腕关节彼此垂直，容易造成从手腕中穿过的管路出现较大的弯折、堵塞甚至折断。相反，斜交非球型手腕被做成中空结构，各管线从中穿过，直接连接到末端高转速旋杯喷枪上，在作业过程中内部管线较为柔顺，故被各大厂商所采用。涂装作业环境中充满了易燃、易爆的有害挥发性有机物，除了要求涂装机器人具有出色的重复定位精度、循径能力及较高的防爆性能外，还有特殊的要求。在涂装作业过程中，高速旋杯喷枪的轴线要与工件表面法线在一条直线上，且高速旋杯喷枪的端面要与工件表面始终保持恒定的距离，并完成往复蛇形轨迹，这就要求涂装机器人有足够大的工作空间和尽可能紧凑灵活的手腕，即手腕关节要尽可能短。其他的一些基本性能要求如下：

（1）能够通过示教器方便地设定流量、雾化气压、喷幅气压以及静电量等涂装参数。

（2）具有供漆系统，能够方便地进行换色、混色，确保高质量、高精度的工艺调节。

（3）具有多种安装方式，如：落地、倒置、角度安装和壁挂。

（4）能够与转台、滑台、输送链等一系列的工艺辅助设备轻松集成。

（5）结构紧凑，减小密闭涂装室（简称喷房）尺寸，降低通风要求。

二、涂装机器人的系统组成

典型的涂装机器人工作站主要由涂装机器人、机器人控制柜、示教器、供漆系统、自动喷枪/旋杯、防爆吹扫系统等组成（图6-1-7）。

涂装机器人与普通工业机器人相比，操作机在结构方面的差别除了球型手腕与非球型手腕外，主要是防爆、油漆及空气管路和喷枪的布置导致的差异，其特点有：

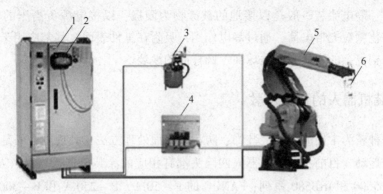

图6-1-7　涂装机器人系统组成

1—机器人控制柜；2—示教器；3—供漆系统；4—防爆吹扫系统；

5—涂装机器人；6—自动喷枪/旋杯

（1）一般来说，如果手臂工作范围宽大，则进行涂装作业时可以灵活避障。

（2）手腕一般有2~3个自由度，轻巧快速，适合内部、狭窄的空间及复杂工件的涂装。

（3）较先进的涂装机器人采用中空手臂和柔性中空手腕，采用中空手臂和柔性中空手腕使得软管、线缆可内置，从而避免软管与工件发生干涉，减少管道黏着薄雾、飞沫，最大程度降低灰尘黏到工件的可能性，缩短生产周期。

（4）一般来说，在水平手臂搭载喷漆工艺系统，从而缩短清洗、换色时间，提高生产效率，节约涂料及清洗液。

涂装工艺包括空气涂装、高压无气涂装和静电涂装。静电涂装中的旋杯式静电涂装工艺具有高质量、高效率、节能环保等优点。

空气涂装：所谓空气涂装，就是利用压缩空气的气流，流过喷枪喷嘴孔形成负压，在负压的作用下涂料从吸管吸入，经过喷嘴喷出，通过压缩空气对涂料进行吹散，以达到均匀雾化的效果。空气涂装一般用于家具、3C产品外壳、汽车等产品的涂装。空气喷枪如图6-1-8所示。

(a)　　　　　　　　　　　(b)　　　　　　　　　　　(c)

图6-1-8　空气喷枪

(a) 日本 明治 FA100H-P；(b) 美国 DEVILBISS T-AGHV；

(c) 德国 PILOT WA500 自动空气喷枪

高压无气涂装：高压无气涂装是一种较先进的涂装方法，其采用增压泵将涂料增至6~30 MPa 的高压，通过很细的喷孔喷出，使涂料形成扇形雾状，具有较高的涂料传递效率和生产效率，表面质量明显优于空气涂装静电涂装：静电涂装一般是以接地的被涂物为阳极，以接电源负高压的雾化涂料为阴极，使涂料雾化颗粒上带电荷，通过静电作用，吸附在工件表面。其常应用于金属表面或导电性良好且结构复杂的表面，或是球面、圆柱面的涂装。

三、涂装机器人的作业示教

涂装是一种较为常用的防腐、装饰、防污的表面处理方法，其规则之一是需要喷枪在工件表面做往复运动。目前，工业机器人四巨头都有相应的涂装机器人产品（ABB 的 IRB52，IRB5400，IRB5500 和 IRB580 系列；FANUC 的 P – 50iA，P – 250iA 和 P – 500YASKAWA 的 EPX 系列；KUKA 的 KR16），且都有相应的专用控制器及商业化应用软件，例如 ABB 的 IRC5P 和 Robot Ware Paint，FANUC 的 R – J3 和 Paint Tool Software，这些针对涂装应用开发的专业软件提供了强大而易用的涂装指令，可以方便地实现涂装参数及涂装过程的全面控制，也可缩短示教的时间、降低涂料消耗。涂装机器人示教的重点是对运动轨迹的示教，即确定各程序点处工具中心点的位姿。对于涂装机器人而言，其工具中心点一般被设置在喷枪的末端中心，且在涂装作业中，高速旋杯喷枪的端面要相对于工件涂装工作面走蛇形轨迹并保持一定的距离。为达到工件涂层的质量要求，必须保证以下几点：

（1）旋杯的轴线始终在工件涂装工作面的法线方向。

（2）旋杯端面到工件涂装工作面的距离要保持稳定，一般为 0.2 m 左右。

（3）旋杯涂装轨迹要部分相互重叠（一般搭接宽度为 2/3 ~ 3/4 时较为理想），并保持适当的间距。

（4）涂装机器人应能同步跟踪工件传送装置上的工件运动。

（5）在进行示教编程时，若前臂及手腕有外露的管线，则应避免与工件发生干涉。

 任务实施

分析讨论：

（1）请简述涂装机器人的分类。

（2）请分析涂装机器人的系统组成。

⚙ **知识拓展**

涂装作业环境充满了易燃、易爆的有害挥发性有机物，除了要求涂装机器人具有出色的重复定位精度和循径能力及较高的防爆性能外，仍有如下特殊要求：

（1）能够通过示教器方便地设定流量、雾化气压、喷幅气压以及静电量等涂装参数。

（2）具有供漆系统，能够方便地进行换色、混色，确保高质量、高精度的工艺调节。

（3）具有多种安装方式，如：落地、倒置、角度安装和壁挂。

（4）能够与转台、滑台、输送链等一系列的工艺辅助设备轻松集成。

（5）结构紧凑，方便减少喷房尺寸，降低通风要求。

任务2 涂装机器人的周边设备与布局

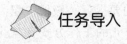 **任务导入**

机器人周边设备控制

图6-1-9所示为机器人周边设计，其设计思路如下：

（1）用PLC控制一维运动平台实现电动机的自动正反转运行及手动正反转运行。

（2）一维运动平台的行程两端各有一行程开关，分别定义为正向限位和负向限位。

（3）在电动机自动正反转运行前，需对电动机进行复位。复位的过程是：启动电动机往负向运行，运行至负向限位后，往正向运行一段距离，将该位置作为电动机自动正反转运行的初始位置。

（4）复位完成后，按下正转按钮，电动机往正向运行一段距离（该距离通过运动包络参数设定），到位后停止。按下反转按钮，电动机往负向运行一段距离，到位后停止。

（5）如正反转运行过程中，触动行程开关，则电动机停止运行。此时可通过手动正反转按钮控制电动机运行离开限位开关，或按下复位按钮对平台重新复位。

（6）触动行程开关后，需重新复位才能进行自动正反转运行控制。

（7）在电动机运行过程中，任何时刻均可通过停止按钮和急停按钮控制其停止运行。

（8）停止运行后，需重新复位才能进行自动正反转运行控制。

（9）复位指示灯、运行指示灯和停止指示灯用来指示一维平台的运行状态。

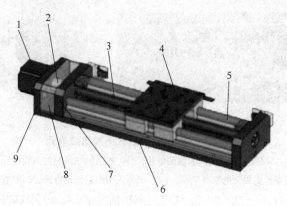

图6-1-9 机器人周边设计

1—电动机；2—联轴器；3—滚珠丝杠；4—运动平台；5—滚动直线导轨；6—底座；
7—丝杠轴承座；8—外罩；9—电动机座

 知识链接

一、周边设备

目前，常见的涂装机器人辅助装置有机器人行走单元、工件传送（旋转）单元、空气过滤系统、输调漆系统、喷枪清理装置、涂装生产线控制盘等。

（1）机器人行走单元与工件传送（旋转）单元主要包括完成工件的传送及旋转动作的伺服转台、伺服穿梭机及输送系统，以及完成机器人上下左右滑移的行走单元，但是对涂装机器人所配备的行走单元与工件传送（旋转）单元的防爆性能有较高的要求。一般地，配备行走单元和工件传送（旋转）单元的涂装机器人生产线及柔性涂装单元的工作方式有三种：动/静模式、流动模式及跟踪模式。

动/静模式：在动/静模式下，工件先由伺服穿梭机或输送系统传送到喷房中，由伺服转台完成工件旋转，之后由涂装机器人单体或者配备行走单元的机器人对其完成涂装作业。

在涂装过程中工件可以静止地做独立运动，也可与机器人做协调运动，如图 6 - 1 - 10 所示。

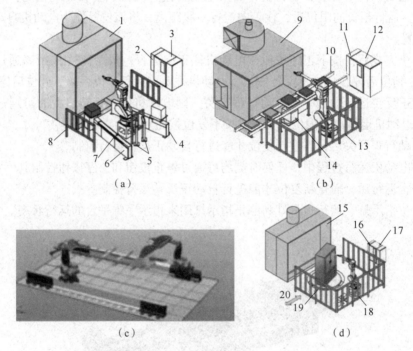

图 6 - 1 - 10　动/静模式下的涂装单元

（a）配备伺服穿梭机的涂装单元；（b）配备输送系统的涂装单元；

（c）配备行走单元的涂装单元；（d）机器人与伺服转台协调运动的涂装单元

1，9，15—喷房；2，11，16—气动盘；3，12，17—机器人控制器；4，6—伺服穿梭机；5—手动操作盒；

7—机械手底座；8，13，18—安全围栏；10—地面安装传送装置；14—伺服螺旋旋转器；

19—伺服转合；20—工件的上/下料

流动模式：在流动模式下，工件由输送链承载并匀速通过喷房，由固定不动的涂装机器人对工件完成涂装作业。

跟踪模式：在跟踪模式下，工件由输送链承载并匀速通过喷房，机器人不仅要跟踪随输送链运动的涂装物，而且要根据涂装面而改变喷枪的方向和角度。

（2）空气过滤系统。在涂装作业过程中，当粒径大于或者等于 10 μm 的粉尘混入漆层时，用肉眼就可以明显看到由粉尘造成的瑕点。为了保证涂装作业的表面质量，涂装线所处的环境及空气涂装所使用的压缩空气应尽可能保持清洁，这是由空气过滤系统使用大量空气过滤器对空气质量进行处理以及保持涂装车间正压来实现的。喷房内的空气纯净度要求最高，一般来说要求经过三道过滤。

（3）输调漆系统。涂装机器人生产线一般由多个涂装机器人单元协同作业，这时需要有稳定、可靠的涂料及溶剂的供应，而输调漆系统则是保证供应的重要装置。一般来说，输调漆系统由油漆和溶剂混合的调漆系统、为涂装机器人提供油漆和溶剂的输送系统、液压泵系统、油漆温度控制系统、溶剂回收系统、辅助输调漆设备及输调漆管网等组成。

（4）喷枪清理装置。涂装机器人的设备利用率高达90%～95%，在进行涂装作业中难免会发生污物堵塞喷枪气路情况，同时在对不同工件进行涂装时也需要进行换色作业，此时我们需要对喷枪进行清理。自动化的喷枪清洗装置能够快速、干净、安全地完成喷枪的清洗和颜色更换，彻底清除喷枪通道内及喷枪上飞溅的涂料残渣，同时对喷枪完成干燥工作，减少喷枪清理所耗用的时间、溶剂及空气。喷枪清洗装置在对喷枪清理时一般经过四个步骤：空气自动冲洗、自动清洗、自动溶剂冲洗、自动通风排气。

（5）涂装生产线控制盘。对于采用两套或者两套以上涂装机器人单元同时工作的涂装作业系统，一般需配置生产线控制盘对生产线进行监控和管理。

二、工位布局

涂装机器人具有涂装质量稳定、涂料利用率高、可以连续大批量生产等优点，涂装机器人工作站或生产线的布局是否合理直接影响企业的产能及能源和原料利用率。由涂装机器人与周边设备组成的涂装机器人工作站的工位布局形式，与焊接机器人工作站的布局形式相仿，由工作台或工件传送（旋转）单元配合涂装机器人构成并排、A型、H型或转台型双工位工作站。汽车及机械制造等行业往往需要结构紧凑灵活、自动化程度高的涂装生产线，涂装生产线在型式上一般有两种，即线型布局和并行盒子布局。线型布局和并行盒子布局的生产线特点与适用范围见表6-1-1。

表6-1-1 线型布局和并行盒子布局的生产线特点与适用范围

比较项目	线型布局生产线	并行盒子布局生产线
涂装产品范围	单一	满足多产品要求
对生产节拍变化的适应性	要求尽可能稳定	可适应各异的生产节拍
同等生产力的系统长度	长	远远短于线型布局
同等生产力需要机器人的数量	多	较少
设计建造难易程度	简单	相对较为复杂
生产线运行能耗	高	低
作业期间换色时涂料的损失量	多	较少
未来生产能力扩充难易程度	较为困难	灵活简单

综上所述，在涂装生产线的设计过程中不仅要考虑产品范围以及额定生产能力，还需要考虑所需涂装产品的类型、各产品的生产批量及涂装工作量等因素。当产品单一、生产节拍稳定、生产工艺中有特殊工序时，线型布局则是比较合适的选择。当产品类型及尺寸、工艺

流程、产品批量各异时，灵活的并行盒子布局的生产线则是比较合适的选择。采取并行盒子布局不仅可以减少投资，而且可以降低后续运行成本，但在建造并行盒子布局的生产线时需要额外承担产品处理方式及中转区域设备等的投资。

任务实施

分析讨论：

（1）请简述涂装机器人周边设备的模式。

（2）请分析涂装机器人的工位布局。

知识拓展

自动涂装需要专门的设备来实现准确和一致的漆面质量。这个专门的设备，包括防爆机器人手臂、喷涂器/钟、齿轮泵、换色歧管、电磁阀、传感器和压力调节器等。

项目二　装配机器人及其操作应用

 项目目标

➢ 了解装配机器人的分类及特点；
➢ 熟悉装配机器人作业示教的基本流程、装配机器人典型周边设备与布局方法。

 任务列表

学习任务	知识点	能力要求
任务1　装配机器人的分类及特点	装配机器人的分类、系统组成、作业示教、工作站、应用范围	1. 了解装配机器人的分类及特点 2. 熟悉装配机器人作业示教的基本流程 3. 掌握装配机器人的系统组成及其功能
任务2　装配机器人的周边设备与工位布局	周边设备模式、工位布局	熟悉装配机器人典型周边设备与布局方法

任务1　装配机器人的分类及特点

 任务导入

　　装配机器人是柔性自动化装配系统的核心设备，由机器人操作机、控制器、末端执行器和传感系统组成。其中操作机的结构类型有水平关节型、直角坐标型、多关节型和圆柱坐标型等；控制器一般采用多 CPU 或多级计算机系统，实现运动控制和运动编程；末端执行器为适应不同的装配对象而被设计成各种手爪和手腕等结构；传感系统获取装配机器人与环境和装配对象之间相互作用的信息。常用的装配机器人主要有可编程通用装配操作手（Programmable Universal Manipulator for Assembly），即 PUMA 机器人（最早出现于 1978 年，工业机器人的始祖）和平面双关节型机器人（Selective Compliance Assembly Robot Arm），即 SCARA 机器人两种类型。与一般工业机器人相比，装配机器人具有精度高、柔顺性好、工作范围小、能与其他系统配套使用等特点，主要用于各种电器的制造行业。

 知识链接

一、装配机器人的分类及特点

　　PUMA 机器人。美国 Unimation 公司 1977 年研制的 PUMA 是一种计算机控制的多关节装配机器人，一般有 5 或 6 个自由度，即腰、肩、肘的回转以及手腕的弯曲、旋转和扭转等功能［图 6-2-1（a）］。其控制系统由微型计算机、伺服系统、输入输出系统和外部设备组成。采用 VALⅡ作为编程语言，例如语句"APPRO PART，50"表示手部运动到 PART 上方 50 mm 处。PART 的位置可以键入也可示教。VAL 具有连续轨迹运动和矩阵变换的功能。

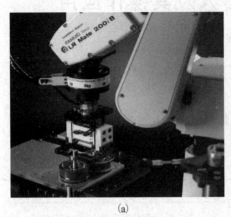

（a）　　　　　　　　　　　　　　　（b）

图 6-2-1　装配机器人

SCARA 机器人。大量的装配作业是垂直向下的，它要求手爪的水平移动（X，Y）有较大的柔顺性，以补偿位置误差。而垂直移动（Z）以及绕水平轴转动则有较大的刚性，以便准确有力地装配。另外，还要求绕 Z 轴转动有较大的柔顺性，以便与键或花键配合。日本山梨大学研制出 SCARA 机器人，它的结构特点满足了上述要求［图 6-2-1（b）］。其控制系统也比较简单，如 SR-3000 机器人采用微处理机对 θ_1、θ_2、Z 三轴（直流伺服电动机）实现半闭环控制，对 s 轴（步进电动机）进行开环控制。编程语言采用与 BASIC 相近的 SERF。最新版本即第四代具有坐标变换、直线和圆弧插补、任意速度设定、以文字命名的子程序以及检错等功能。SCARA 机器人是目前应用较多的类型之一。

装配机器人在不同装配生产线上发挥着强大的装配作用，装配机器人大多由 4~6 轴组成，目前市场上常见的装配机器人，按臂部运动形式可分为直角式装配机器人和关节式装配机器人，关节式装配机器人又可分为水平串联关节式、垂直串联关节式和并联关节式，如图 6-2-2 所示。

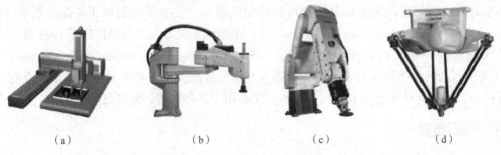

（a）　　　　　　　（b）　　　　　　　（c）　　　　　　　（d）

图 6-2-2　装配机器人类型

（a）直角式；（b）水平串联关节式；（c）垂直串联关节式；（d）并联关节式

直角式装配机器人又称单轴机械手，以 *XYZ* 直角坐标系为基本数学模型，整体结构模块化设计，如图 6 − 2 − 3 所示。直角式装配机器人是目前工业机器人中最简单的一类，具有操作简便、编程简单等优点，可用于零部件移送、简单插入、旋拧等作业，机构上多装备球形螺钉和伺服电动机，具有速度快、精度高等特点，装配机器人多为龙门式和悬臂式（可参考搬运机器人相应部分）。

关节式装配机器人是目前装配生产线上应用最广泛的一类机器人，具有结构紧凑、占地空间小、相对工作空间大、自由度高等特点，适合几乎任何轨迹或角度工作，编程自由，动作灵活，易实现自动化生产。

（1）水平串联关节式装配机器人亦称为平面关节型装配机器人或 SCARA 机器人，是目前装配生产线上应用数量最多的一类装配机器人。它属于精密型装配机器人，具有速度快、精度高、柔性好等特点，驱动多为交流伺服电动机，可保证其有较高的重复定位精度，广泛应用于电子、机械和轻工业等产品的装配，满足工厂柔性化生产需求，如图 6 − 2 − 4 所示。

图 6 − 2 − 3　直角式装配机器人装配缸体　　图 6 − 2 − 4　水平串联关节式装配机器人拾放超薄硅片

（2）垂直串联关节式装配机器人多为 6 个自由度，可在空间任意位置确定任意位姿，面向对象多为三维空间的任意位置和姿势的作业。

（3）并联关节式装配机器人亦称拳头机器人、蜘蛛机器人或 Delta 机器人，是一种轻型、结构紧凑的高速装配机器人，可被安装在任意倾斜角度上，独特的并联机构可实现快速、敏捷动作且减少非累积定位误差。目前在装配领域，并联式装配机器人有两种形式可供选择，即三轴手腕（合计六轴）和一轴手腕（合计四轴），具有小巧高效、安装方便、精准灵敏等优点，广泛应用于 IT、电子装配等领域。

通常装配机器人本体与搬运、焊接、涂装机器人本体在精度制造上有一定的差别，原因在于机器人在完成焊接、涂装作业时，没有与作业对象接触，只需示教机器人运动即可，而装配机器人需与作业对象直接接触，并进行相应动作。搬运机器人在移动物料时运动轨迹多具有开放性，而装配作业是一种约束运动类操作，即装配机器人精度要高于搬运、焊接和涂装机器人。尽管装配机器人在本体上与其他类型机器人有所区别，但在实际应用中无论是直角式装配机器人还是关节式装配机器人都有如下特性：

（1）能够实时调节生产节拍和末端执行器动作状态。

（2）可更换不同末端执行器以适应装配任务的变化，方便、快捷。

（3）能够与零件供给器、输送装置等辅助设备集成，实现柔性化生产。

（4）多带有传感器，如视觉传感器、触觉传感器、力传感器等，以保证精准完成装配任务。

二、装配机器人的系统组成

装配机器人的装配系统主要由操作机、控制系统、装配系统（手爪、气体发生装置、真空发生装置或电动装置）、传感系统和安全保护装置组成，如图 6-2-5 所示。操作者可通过示教器和操作面板进行装配机器人运动位置和动作程序的示教，设定运动速度、装配动作及参数等。

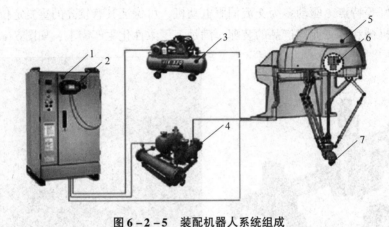

图 6-2-5　装配机器人系统组成

1—机器人控制柜；2—示教器；3—气体发生装置；4—真空发生装置；5—机器人本体；
6—视觉传感器；7—气动手爪

装配机器人的末端执行器是夹持工件移动的一种夹具，类似于搬运机器人的末端执行器，常见形式有吸附式、夹钳式、专用式和组合式。

吸附式末端执行器在装配中仅占一小部分，广泛应用于电视、录音机、鼠标等轻小工件的装配场合。此部分原理、特点可参考搬运机器人相关部分，不再赘述。

夹钳式装配手爪是装配过程中最常用的一类手爪，多采用气动或伺服电动机驱动，闭环控制配备传感器可实现准确控制手爪启动、停止及其转速，并对外部信号做出准确反应。夹钳式装配手爪具有重量轻、出力大、速度高、惯性小、灵敏度高、转动平滑、力矩稳定等特点，其结构类似于搬运作业中的夹钳式手爪，但又比搬运作业中的夹钳式手爪精度高、柔顺性高。

专用式手爪是在装配中针对某一类装配场合单独设计的末端执行器，且部分带有磁力，主要用于螺钉、螺栓的装配，亦多采用气动或伺服电动机驱动。

组合式末端执行器在装配作业中通过组合获得各单组手爪的优势，灵活性较好，多用于机器人需要相互配合装配的场合，可节约时间、提高效率。

三、装配机器人的作业示教

装配是生产制造业的重要环节，而随着生产制造结构复杂程度的提高，传统装配已不能满足日益增长的产量要求。装配机器人代替传统人工装配成为装配生产线上的主力军，可胜任大批量、重复性强的工作。目前，工业机器人四巨头都已经抓住机遇成功研制出相应的装配机器人产品（ABB 的 IRB360 和 IRB140 系列、KUKA 的 KR5 SCARA R350、KR10 SCARA600KR16 - 2 系列、FANUC 的 M、LR、R 系列、YASKAWA 的 MH、SIASDA、MPP3 系列）。装配机器人作业示教与其他工业机器人一样，需确定运动轨迹，即确定各程序点处工具中心点的位姿。对于装配机器人，末端执行器结构不同，工具中心点设置也不同，吸附式、夹钳式可参考搬运机器人工具中心点设定；专用式末端执行器工具中心点一般被设在法兰中心线与手爪前端平面交点处，组合式工具中心点需依据起主要作用的单组手爪确定。

螺栓紧固作业。装配机器人在装配生产线中可为直角式、关节式，具体的选择需依据生产需求及企业实例，选择直角式（或 SCARA 机器人）装配机器人，末端执行器为专用式螺栓手爪。采用在线示教方式为机器人输入装配作业程序，以 A 螺纹孔紧固为例，阐述装配作业编程，B、C、D 螺纹孔紧固可按照 A 螺纹孔操作进行扩展。此程序由编号为 1~9 的 9 个程序点组成（图 6 - 2 - 6），每个程序点的用途说明见表 6 - 2 - 1。具体作业可参照图 6 - 2 - 7 所示流程开展。

（1）开始示教前，请做如下准备：

①给料器准备就绪。

②确认自己和机器人之间保持安全距离。

③机器人原点确认。

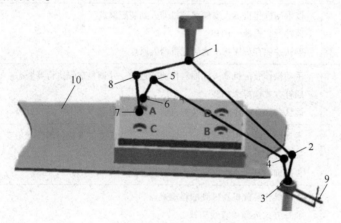

图 6 - 2 - 6　装配运动轨迹

1—程序 1，程序 9；2—程序 2；3—程序 3；4—程序 4；5—程序 5；6—程序 6；
7—程序 7；8—程序 8；9—给料器；10—传送带

表 6 - 2 - 1　程序点说明

程序点	说明	手爪动作	程序点	说明	手爪动作
程序点 1	机器人原点		程序点 6	装配作业点	抓取
程序点 2	取料临近点		程序点 7	装配作业点	放置
程序点 3	取料作业点	抓取	程序点 8	装配规避点	
程序点 4	取料规避点	抓取	程序点 9	机器人原点	
程序点 5	移动中间点	抓取			

（2）新建作业程序点。按示教器的相关菜单或按钮，新建一个作业程序，如"Assembly bolt"。

（3）程序点的输入在示教模式下，手动操作直角式（或SCARA）装配机器人按运动轨迹设定程序点1~9移动，为提高机器人运行效率，程序点1和程序点9需设置在相同点，且程序点1~9需处于与工件、夹具互不干涉位置，具体示教方法可参照表6-2-2。

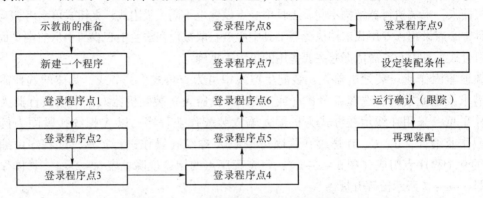

图6-2-7　螺栓紧固机器人作业示教流程

表6-2-2　程序点示教方法

程序点	示教方法
程序点1 （机器人原点）	按手动操作机器人要领移动机器人到装配原点。 插补方式选择"PTP"。 确认并保存程序点1为装配机器人原点
程序点2 （取料临近点）	手动操作装配机器人到取料作业临近点，并调整末端执行器姿态。 插补方式选择"PTP"。 确认并保存程序点2为装配机器人取料临近点
程序点3 （取料作业点）	手动操作装配机器人移动到取料作业点且保持末端执行器位置不变。 插补方式选择"直线插补"。 再次确认程序点，保证其为取料作业点
程序点4 （取料规避点）	手动操作装配机器人到取料规避点。 插补方式选择"直线插补"。 确认并保存程序点4为装配机器人取料规避点
程序点5 （移动中间点）	手动操作装配机器人到移动中间点，并适度调整末端执行器姿态。 插补方式选择"PTP"。 确认并保存程序点5为装配机器人移动中间点
程序点6 （装配作业点）	手动操作装配机器人移动到装配作业开始点且调整末端执行器位姿以适合安放螺栓。 插补方式选择"直线插补"。 再次确认程序点，保证其为装配作业开始点。 若有需要可直接输入装配作业命令
程序点7 （装配作业点）	手动操作装配机器人到装配作业终止点。 插补方式选择"直线插补"。 确认并保存程序点7为装配机器人作业终止点

程序点	示教方法
程序点8 （装配规避点）	手动操作搬运机器人到装配作业规避点。 插补方式选择"直线插补"。 确认并保存程序点8为装配机器人作业规避点
程序点9 （机器人原点）	手动操作装配机器人到机器人原点。 插补方式选择"PTP"。 确认并保存程序点9为装配机器人原点

（4）设定作业条件。本例装配作业条件的输入，主要涉及以下几个方面：

①在作业开始命令中设定装配开始规范及装配开始动作次序。

②在作业结束命令中设定装配结束规范及装配结束动作次序。

③依据实际情况，在编辑模式下合理选择配置装配工艺参数及选择合理的末端执行器。

（5）检查试运行。确认装配机器人周围安全，按如下操作进行跟踪测试作业程序：

①打开要测试的程序文件。

②将光标移动到程序开始位置。

③按住示教器上的"跟踪功能键"，实现装配机器人单步或连续运转。

（6）再现装配。

①打开要再现的作业程序，并将光标移动到程序的开始位置，将示教器上的"模式开关"设定到"再现/自动"状态。

②按示教器上"伺服ON按钮"，接通伺服电源。

③按"启动按钮"，装配机器人开始运行。

任务实施

分析讨论：

（1）请简述装配机器人的分类及特点。

（2）请分析装配机器人的系统组成。

（3）请分析装配机器人螺栓紧固作业的方法。

知识拓展

装配机器人是工业生产中用于装配生产线上对零件或部件进行装配的一类工业机器人。作为柔性自动化装配的核心设备具有精度高、工作稳定、柔顺性好、动作迅速等优点。比如：

（1）操作速度快，加速性能好，可缩短工作循环时间。

（2）精度高，具有极高重复定位精度，可保证装配精度。

（3）提高生产效率，解放单一繁重体力劳动。

（4）改善工人劳作环境，摆脱有毒、有辐射装配的环境。

（5）可靠性好、适应性强、稳定性高。

任务2　装配机器人的周边设备与工位布局

任务导入

装配机器人进行装配作业时，除机器人主机、手爪、传感器外，零件供给装置和工件搬运装置也至为重要。无论从投资额的角度还是从安装占地面积的角度，它们往往比机器人主机所占的比例大。周边设备常用可编程控制器控制；此外，一般还要有台架和安全栏等设备。

知识链接

装配机器人工作站是一种融合计算机技术、微电子技术、网络技术等多种技术的集成化系统，其可与生产系统连接形成一个完整的集成化装配生产线。一项装配工作的完成，除需要装配机器人（机器人和装配设备）以外，还需要一些辅助周边设备，而这些辅助周边设备比机器人主体占地面积大。因此，为了节约生产空间、提高装配效率，合理的装配机器人工位布局可实现生产效益最大化。

一、周边设备

目前，常见的装配机器人辅助周边设备有零件供给器、输送装置等。

零件供给器的主要作用是提供机器人装配作业所需零部件，确保装配作业正常进行。目前应用最多的零件供给器主要是给料器和托盘，其可通过控制器编程控制。

（1）给料器。用振动或回转机构将零件排齐，并逐个送到指定位置，通常给料器以输送小零件为主。振动式给料器如图6-2-8所示。

（2）托盘。装配结束后，大零件或易损坏划伤零件应被放入托盘中进行运输。托盘能按照精度要求将零件送到指定位置，由于托盘容纳量有限，故在实际生产装配中往往带有托盘自动更换机构，从而满足生产需求。托盘如图6-2-9所示。

图6-2-8　震动式给料器　　　　　图6-2-9　托盘

输送装置。在机器人装配生产线上，输送装置将工件输送到各作业点。通常输送装置以传送带为主，零件随传送带一起运动，借助传感器或限位开关实现传送带和托盘同步运行，方便装配。

二、工位布局

由装配机器人组成的柔性化装配单元，可实现物料自动装配，其合理的工位布局将直接影响到生产效率。在实际生产中，常见的装配工作站可采用回转式和线式布局。

（1）回转式布局。回转式装配工作站可将装配机器人聚集在一起进行配合装配，也可进行单工位装配，灵活性较高，可针对一条或两条生产线，具有较小的输送线成本，减小占地面积，广泛应用于大、中型装配作业，如图 6-2-10 所示。

（2）线式布局。线式装配机器人依附于生产线，排布于生产线的一侧或两侧，具有生产效率高、节省装配资源、节约人员维护等优点，一人便可监视全线装配，广泛应用于小物件装配场合，如图 6-2-11 所示。

图 6-2-10　回转式布局

图 6-2-11　线式布局

 任务实施

综合应用：

（1）简述装配机器人本体与焊接、涂装机器人本体的不同。

（2）依据图 6-2-12 画出两个托盘上零件装配运动轨迹示意图。

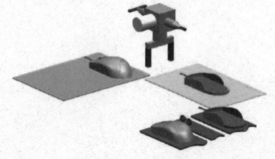

图 6-2-12

（3）依据图6-2-12并结合两个托盘上的零件进行示教，完成表6-2-3（请在相应选项下打"√"或选择序号）。

表6-2-3 程序点比对表

程序点	装配作业		插补方式		末端执行器
	作业点	①原点；②中间点；③规避点；④临近点	PTP	直线插补	①吸附式；②夹钳式；③专用式
程序点1					
程序点2					
程序点3					
程序点4					

 知识拓展

  装配机器人多依附于生产线进行装配，形成相应装配工作站。末端执行器以被抓取物料不同而有不同的结构形式，常见有吸附式、夹钳式、专用式和组合式。为实现准确无误的装配作业，装配机器人需配备多种传感系统，以保证装配作业顺利进行。在简单示教型装配机器人中多为视觉传感器和触觉传感器，触觉传感器又包含接触觉、接近觉、压觉、滑觉和力觉等五种传感器。各个传感器相互配合、作业，可完成相应装配动作。

参 考 文 献

［1］张爱红. 工业机器人应用于编程技术 ［M］. 北京：电子工业出版社，2015.

［2］智通教育教材编写组. ABB 工业机器人基础操作与编程 ［M］. 北京：机械工业出版社，2019.

［3］龚仲华. 工业机器人编程与操作 ［M］. 北京：机械工业出版社，2016.

参考文献